室内设计专业系列教材

电脑效果图设计与制作

朱锦辉　黄紫瑜　曾　蕾◎编著

中国水利水电出版社
www.waterpub.com.cn

内 容 提 要

本书突破了传统的效果图制作的编写模式，以岗位职业能力分析和职业技能考核为指导，以项目式教学和任务驱动为总原则，力求理论和实践相结合。

采用"完全真实案例"的编写形式，遵循从简到难的原则进行设置。每个项目后面都有本章节的教学方法采用建议。

本书根据使用 3ds Max 2010 进行三维效果图制作的特点，在项目教学的基础上，注重基础教学和效果图的制造技巧，在灯光、材质的基础上加大力度，使读者在学会基本建模的同时，能掌握较高难度的灯光及材质的初步设置操作。

本书技术实用、讲解清晰，不仅可以作为室内外效果图制作初级、中级读者的学习用书，还可以作为大中专院校相关专业及效果图培训班的教材。

图书在版编目（ＣＩＰ）数据

电脑效果图设计与制作 / 朱锦辉，黄紫瑜，曾蔷编
著. -- 北京 ： 中国水利水电出版社，2014.6
室内设计专业系列教材
ISBN 978-7-5170-2216-9

Ⅰ. ①电… Ⅱ. ①朱… ②黄… ③曾… Ⅲ. ①室内装
饰设计－计算机辅助设计－教材 Ⅳ. ①TU238-39

中国版本图书馆CIP数据核字(2014)第133725号

书 名	室内设计专业系列教材 **电脑效果图设计与制作**
作 者	朱锦辉 黄紫瑜 曾蔷 编著
出版发行	中国水利水电出版社 （北京市海淀区玉渊潭南路 1 号 D 座　100038） 网址：www. waterpub. com. cn E - mail：sales@ waterpub. com. cn 电话：(010) 68367658（发行部）
经 售	北京科水图书销售中心（零售） 电话：(010) 88383994、63202643、68545874 全国各地新华书店和相关出版物销售网点
排 版	北京时代澄宇科技有限公司
印 刷	北京鑫丰华彩印有限公司
规 格	210mm×285mm　16 开本　10 印张　228 千字
版 次	2014 年 6 月第 1 版　2014 年 6 月第 1 次印刷
印 数	0001—3000 册
定 价	**39. 00** 元

随着全球化进程的日益推进，世界经济发生了巨大的变化，国内外的劳动力市场对技能人才的要求发生了变化。近年来，广东的经济发展逐渐转向高科技、低碳环保等领域的行业，企业对技能人才的要求发生了很大的变化，技校毕业生不但要有即时能用的岗位能力，而且还要有解决实际问题的能力和基于数据支持的决策能力，逐渐形成具有批判性思维，具备可持续发展的通用职业技能，以提高整个职业生涯的竞争能力，以应对就业形势的变化和学生自身职业取向的变化。

本书将理论教学和实际操作融为一体，是我们的专业教师对能力一体化教学改革的一次新的尝试，一体化教学模式可以改变传统教学模式理论与实践相分离的情况。本书引入的项目都是企业实践专家在一线工作做过的项目，通过教师到企业实践，接受企业实践专家的指导后消化分析，转化成教学案例，融入教学，编写成教材章节。

书中内容采用"案例＋教程"形式编写，选择了别墅客厅、休闲自助餐厅和酒店大堂三个常用且具有代表性的案例任务进行讲解，可以在实战中循序渐进地学习到相应的软件知识和操作技巧，同时掌握相应的行业应用知识。在知识构成上做到举一反三，可以充分掌握案例中提到的知识和技巧。本书首先讲解了 3ds Max 2010 的基本技术，然后通过综合应用案例的实战练习，学习专业效果图的设计和制作，包括室内效果图的制作、室内效果图的后期处理等内容，从效果图的制作流程入手，逐步引导学员系统地掌握软件和效果图制作的各种技能。实例和大量的应用技巧二者相辅相成，形成了一体化教学的全新思路。

由于编者的水平和经验有限，本教材难免出现疏漏和不足，希望广大读者能积极给予我们批评和建议，在此表示衷心感谢！

编者

2014 年 2 月

1. 广州孝尊组建筑装饰工程有限公司

广东省城市建设高级技工学校校企合作企业之一，企业文化平台，它的内涵与外延不属于某个人，而属于所有追求和谐世界的人民。

孝尊组的宗旨是"孝亲尊师"。做企业先做人，做人的基础离不开孝亲与尊师。有了基础，才能谈发展。回顾走过的年头，孝尊人不断在生活、工作中反省和完善超越自我。因为有形的物质资源终会枯竭，只有精神力量生生不息。所以孝尊组就凭着这种理念，凝聚了有抱负、有理想、对社会有责任感的团队，求大同存小异，以企业为载体求发展，求进步，并肩负着传承古圣先贤的教诲之重任。

经营模式上，品牌是公司的生命线，坚持走品牌经营之路。我们视所承接的每个项目为难得的机会和挑战，将业主看作是项目发展过程中的合作伙伴，只有充分领会业主的需求与意图、空间的功能和特性，同时鼓励他们参与到设计中，才能产生真正有意义的作品。无论项目大小，我们以敬业为前提和基础，进一步提升与完善服务素质，包括深入细致地协助业主完成后期灯饰、家具、植物、艺术品等环境艺术相关的配置，使整个设计更为和谐一体化，充分体现设计风格与理念。

2. 广州共生形态工程设计有限公司

"共生形态"创意集团是由广州共生形态工程设计有限公司、广州饰合院装饰工程有限公司、广州四合工艺品有限公司联合创办的综合性建筑室内空间与艺术创作的设计品牌。集团的核心团队由知名设计师彭征和史鸿伟先生以及一群年轻、新锐的职业设计师组成，主要为政府机构、地产楼盘、大中型企业提供设计服务和咨询。"共生形态"以室内设计为主营业务，同时也参与景观规划、建筑方案、标识系统等设计项目。近年来，随着中国城市化进程的快速发展，公司专注于酒店、会所、房地产售楼部和样板房等项目的设计，先后服务于珠江投资、合生创展、香港新世界、利海集团、祈福集团、富力地产、凯德置地、丽丰控股、融科智地、五矿集团、万科集团、时代地产、长隆集团等知名发展商，服务客户也从广州扩展至北京、天津、上海、深圳等国内多个城市以及香港、澳门、新加坡、德国等海外地区。

指导专家简介

邓自健

广州孝尊组建筑装饰工程有限公司，设计总监

毕业于华南师范大学增城学院环境艺术设计系，大专

从事室内设计7年，对艺术潮流特性有高度的敏感

主要工作业绩：

2010年联邦家私山东总部集团

2011年浙江温州"俏生活"旗舰店 2013年广州心宝药业集团办公大楼

彭征

广州共生形态工程设计有限公司，董事、设计总监

毕业于广州美术学院艺术设计系，硕士

曾任教于中山大学传播与设计学院、华南理工大学设计学院

关注城市化进程中的当代设计，主张空间设计的跨界思维，从事建筑、室内、景观等多领域的设计实践，设计作品具有较强的建筑感和现代简约的风格

主要工作业绩：

南昆山十字水生态度假村、凯德置地御金沙销售中心

风动红棉——广州亚运会景观创意装置、广东绿道标识系统

曾获香港亚太室内设计大奖、金堂奖等国际和国内设计大奖

许宗珩

广州汉臻建设工程有限公司，董事、总设计师、高级室内建筑师

毕业于广州美术学院环境艺术设计系，本科

主要工作业绩：

宁波晶崴宇达饭店

荆州晶崴国际大酒店

广州华标涛景湾

徐州世贸广场

Contents 目　录 >>>

第一部分　3ds Max 2010 基础教学

一、基础教学

1. 概述

Autodesk 3ds Max 是 Autodesk 公司推出的软件工具，可高度定制，升级后的版本可用于制作游戏、电影、电视和设计展示的 3d 动画，建模及渲染平台。3ds Max 2010 版本中增加了新的建模工具，可以自由地设计和制作复杂的多边形模型。新的及时预览功能支持 AO、HDRI、soft shadows、硬件反锯齿等效果。此版本给予设计者新的创作思维与工具，并提升了与后制软件的结合度，让设计者可以更直观地进行创作，将创意无限发挥。

早在 1992 年，3ds Max 的前身 3ds 2.0 就开始流行，使用的是 DOS 系统。当时很少有同类的 PC 三维软件，3ds 可以说独领风骚，后来随着 Windows 平台的普及，三维软件向 PC 平台发展。而 3ds 也升级为全新的 "3ds Max" 系列软件。从 1996 年到现在的 3ds Max 2012，Autodesk 3ds Max 软件也在快速发展，内部的算法也有很大的改进。主要应用领域包括：建筑设计、游戏制作、电视栏目包装等。

（1）建筑领域：建筑领域是应用最为广泛的，包括效果图和漫游动画。

（2）游戏制作：Autodesk 对 3d 的游戏制作功能非常重视，几乎每个 3d 的升级版本都会对其游戏制作功能做出改良提升，例如 CAT 系列合并、全新 UV 展开修改、贴图的实时绘制等。

（3）电视栏目包装：包装对于电视栏目是非常重要的。虽然 3d 并不是负责其全部制作，但其作用仍然是无法替代的。

除此之外 3d 还在诸多领域广泛应用，例如：广告特效、电影制作、虚拟现实、医疗、军事、工程水利等。可以说 3ds Max 是一个非常实用的综合软件。

2. 硬件要求

（1）台式电脑性价比高于笔记本电脑。优点包括性价比高、操作方便、显示器大、不会有笔记本的过热问题等。

（2）CPU 的性能最重要。CPU 应该使用多核、多线程类型。多线程能有效提高渲染效率，建议选择英特尔系列。

（3）内存：内存性能影响较大而价格相对较低。所以是简单升级的首选，建议内存在 4G 以上或更高内存。

（4）显示卡：不需要追逐那些高端的游戏卡，建议 500 ~ 800 元的。选购笔记本的最好要配独显，不建议使用 A 卡（ATI），而是使用 N 卡（NVIDIA），这点和普通电脑配置要求刚好相反，以上配置仅供参考。具体电脑硬件信息可在各大网站查询，例如太平洋电脑网、中关村在线。

3. 效果图学习流程

（1）基本操作。虽然难度不高，但要求养成正确的操作习惯、熟记 3d 工作流程和规律。

（2）操作常用快捷键。自定义常用快捷键，快捷菜单。练习快捷键是学习 3d 的捷径。

（3）基础建模：房屋结构、楼梯、栏杆和简单家具。在工作中，这些模型往往要自己亲手制作，不能直接调用素材库。

（4）材质贴图：多收集贴图素材。把握真实世界材质原理，其实并不像想象中那么难，只要把握其中的规律就可以举一反三。关键还是积累素材、有科学合理的分类素材库。

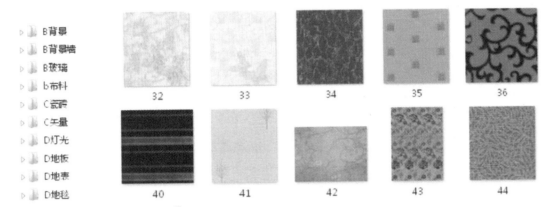

（5）灯光渲染（重点、难点）：模拟掌握真实世界光影关系。在学习灯光渲染参数的同时需要融会美术知识。学好灯光渲染能让你的效果图上升一个新的高度。相对于高级建模，灯光渲染还是很有规律性的，是快速完成优秀作品的捷径，也是我们学习的重点。

（6）高级建模（最难）：高级建模虽然是很有趣的一部分但物体造型千变万化，涉及命令很多，需要长期练习实践，融会贯通才能灵活运用。

4. 界面布局

（1）界面构成。

菜单栏放置了大部分命令、但是很多都不常用。有些工具放置在了更加方便的地方，常用的菜单包括文件菜单 、工具菜单、编辑菜单、渲染菜单和自定义菜单。

工具栏放置了一些最常用的快捷键，注意有些工具下还隐藏别的扩展工具。需要对其按住左键才能切换使用。例如缩放工具 下面就隐藏了不等比例和等体积缩放。

石墨工具用于高级多边形建模，初学 3d 时可以将其关闭 。

命令面板是一个常用的区域，用于创建物体、修改对象、动画制作等。

视图调整区是一个非常有用的地方，建议首先熟练其快捷键（详见第六章）。

动画控制区对效果图制作作用不大，暂时可以将其忽略。

（2）界面的调整和恢复。

从 3ds Max 2010 以后，Autodesk 对 3d 的构架进行了重写，界面也有不小的变化。默认的界面变为了深色，不利于初学的朋友，这里可以进行调整界面颜色：

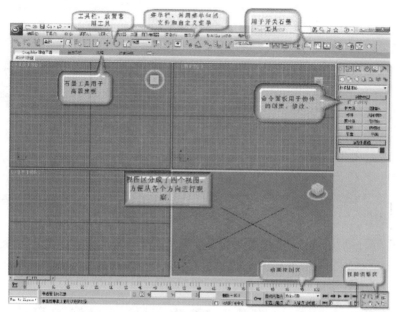

自定义—自定义 UI 与默认设置切换器—ame－light—设置—重开 3ds Max。

界面的位置调乱或丢失后有以下几个地方可以恢复：

方法一：自定义菜单—还原为启动布局。如果没有效果后可能需要重新启动 3d。

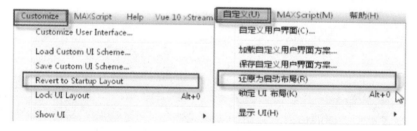

方法二：自定义菜单—自定义用户界面—工具—加载—Default UI。

5. 基本操作

（1）"Creat" 创建物体：鼠标左键用于激活命令（激活后按钮为黄色）、完成后右键取消创建。对物体再次修改需要选中物体后到修改面板修改。

（2）"Delete" 删除物体：先选中物体，再按键盘 Delete 键。

（3）"Undo" 和 "Redo"（重做和撤销）：快捷键分别是 Ctrl + Z 和 Ctrl + Y，默认是 20 次。

物体创建 物体修改

（4）"Select" 选择操作：选择看似简单，但实际上却是一个复杂的问题，常常因为忽视对其原理的研究而造成后面学习的痛苦，希望大家能谨记选择的基本规则原理。

1）"线框显示" Wireframe 模式下选中物体为白色而且中间有一个彩色坐标，在这一模式下必须对准物体线框才能选中物体，物体在线框模式下是较为容易选中的。

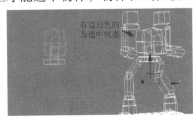

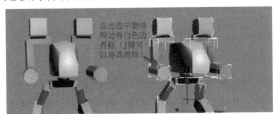

2）在"明暗处理" Shade 模式下对准物体任何一处都选中。选中后有白色边框，但物体有前后重叠时容易选错。

3）点击鼠标，点选一次只能选择一个物体，而拖动鼠标框选物体能选中多个物体。这个简单的区别往往被忽视而造成后续错误。

4）加选和减选分别是按住 Ctrl 或 Alt 进行选择，在物体外点击左键取消选择。

5）物体比较难选择，视线被遮挡时，可以尝试放大视图和切换视图角度，问题便会迎刃而解。

★总结：在复杂的场景中选择后要习惯检查一下有没有选择错误。很多严重错误都是从简单的选错物体开始。

6. 视图操作（重点）

（1）视图调整控制。

在复杂的场景中如果都看不清物体，谈何效率谈何准确呢，所以视图操作尤为重要，使用非常频繁。大家应该先将视图操作的快捷键十分熟练，才能快速入门。

Zoom 缩放视图：滚动鼠标中键，或者按住 Ctrl + Alt + 拖动鼠标中键。

Pan 平移视图：按住鼠标中键拖动。

Orbit 旋转视图：一般这工具在透视图使用，在正交视图使用后会视图会变为用户视图，快捷键 Alt + 鼠标中键。

Maximize 显示模式切换：Alt + W。从四视图模式切换到单视图模式。

Zoom Select，Zoom All 自动放大视图（匹配视图）：快捷键为 Z。当没有选中物体时，按 Z 键匹配显示场景全部物体。当选中一个物体时，按 Z 键视图会匹配显示放大到选中物体，其实关键就是

有没有选中物体。

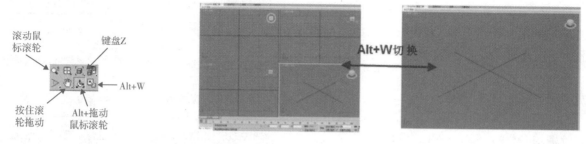

（2）视图显示模式切换。

明暗方式/线框显示方式切换快捷键：F3。

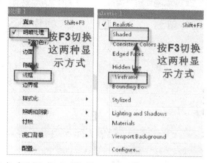

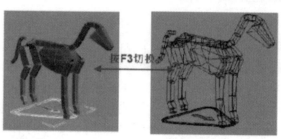

为了方便观察和操作，3d 设置了不同方向的视图。视图快速切换的快捷键是各个视图的英文字母。

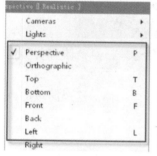

顶视图（T）对于场景的布局控制比较方便，缺点是无法确定物体的高度。

前视图（F）观察物体正面，无法调整物体侧面。

左视图（L）缺点是不能调整物体正面。

透视图（P）和上述三个正视图不同的是透视图有近大远小的透视规律。通常用于效果的暂时，而上述三个视图用于物体的修改与创建。

快捷键如下表：

保存	Ctrl + S	快速匹配视图	Z	顶视图	T	平移视图	拖动鼠标中键
删除选中物体	Delete	视图显示模式切换	Alt + W	前视图	F	旋转视图	Alt + 拖动鼠标中键
撤销/重做	Ctrl + Z/Ctrl + Y	线框和实体显示	F3	左视图	L		
缩放视图	滚动鼠标中键	打开文件	Ctrl + O	透视图	P		

二、常用工具介绍

1. 工具条简介

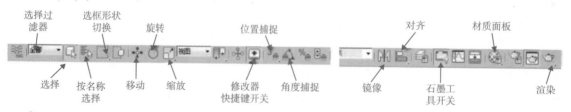

2. 常用工具

（1）选择过滤器 Selection Filter：按类别选择物体，例如选择了 Geometry 几何体后，在视图中就只能选择该类型物体，不能再选择其他类型。

> ★注意：使用完毕后需要换回成"All"全部类型。此工具非常有用，但是曾发现无法选中物体都是因为用完后没有把过滤器换回成"All"类型。

（2）　选择工具 Selection：用于单纯的物体选择，快捷键 Q。在精细的选择操作中，是为了避免选择时不小心移动了物体。

（3）　按名称选择 Select by name：快捷键 H。

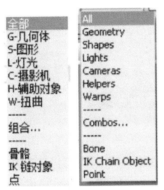

在物体众多的场景下，给物体改名便于以后的选择查找，要养成给物体改名字的习惯：在创建面板和修改面板下可以给物体改名。

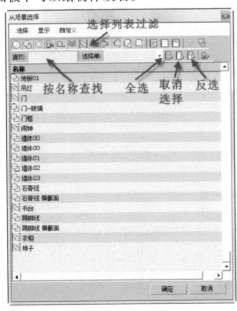

（4）　选框形状切换 Rectangle Selection Region：不停地按 Q 键可以来回切换框选的形状，以满足不同的选择需求。

（5）交换形状操作（重点、难点）：变换操作包括了　移动物体 Move、　旋转 Rotate 和　缩放物体 Scale，快捷键分别是：W、E、R。

选中物体时，物体身上会出现一个坐标，而坐标有两种显示控制方式。一般我们使用的是 Gizmo 方式（色彩），两种显示的方式切换为键位 X。

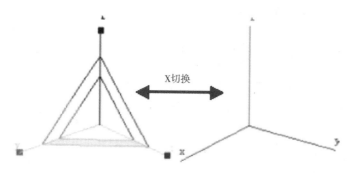

1）移动操作：快捷键为 W，把鼠标放置在需要移动的轴向上，轴向变为黄色（锁定）后拖拽便可以移动。

2）旋转操作：快捷键为 E，旋转 Gizmo 是根据虚拟轨迹球的概念而构建的，可以围绕 X、Y 或 Z 轴或垂直于视线口的轴自由旋转对象。旋转是上个变换中最难的一个，一般需要分配好角度捕捉工具（A）🔺 一同使用。

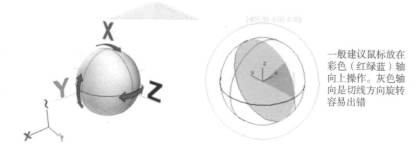

当使用旋转工具时，坐标栏也相应地变为了旋转角度的控制，旋转错误时可以通过坐标重新输入正确的旋转角度。

3）缩放：快捷键为 R。要执行"均匀"缩放，请在 Gizmo 中心处拖动。要执行"非均匀"缩放，请在一个轴上拖动或拖动平面控制柄。

4）变换复制：

①在主工具栏上，单击 ✛（移动）、↻（旋转）或 ▱（缩放）。

②选择一个对象、多个对象、组或子对象。

③按住 Shift 键并拖动选定对象，释放鼠标按钮后，将打开"克隆选项"对话框。

④更改设置或接受默认值，再单击"确定"。

复制关系 Copy：单纯的复制物体。复制物体之间没有参数关联（关联：修改一个参数，其他参数同时被修改）。

实例关系 Instance：复制物体之间存在关联关系，注意关联的是参数而非其他材质、移动缩放和线框颜色。

参考关系 Reference：与实例不同的是，参考是有选择性的关联。可以双向关联也可以单向关联，

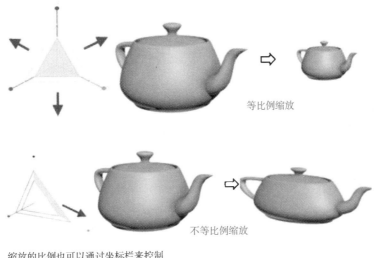

等比例缩放

不等比例缩放

缩放的比例也可以通过坐标栏来控制

使用缩放工具同时，坐标栏相应变为缩放百分比控制

一般在效果图制作中极少使用。

⑤坐标系统 Coordinate System：选择不同的坐标系统，坐标的位置和方向也随之改变。适应不同的工作需求，常用的坐标系统包括视图坐标、世界坐标和局部坐标三个。

视图坐标：轴向比较"乱"。不利于初学者的理解 XY 平面是参照正交视图。透视图使用世界坐标。可见每个视图下坐标方向都改变。

世界坐标：使用世界坐标。轴向能够统一，在每个视图下坐标都一样，不会"乱"。

局部坐标：坐标方向跟随物体变化而变化，以物体为参照。

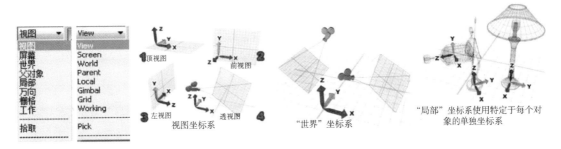

⑥捕捉：

位置捕捉 Snaps Toggle：快捷键 S。通常配合移动工具使用：用于精确定位。

角度捕捉 Angle Snap Toggle：快捷键 A。通常配合旋转工具使用：用于跳跃式旋转。

缩放捕捉 Percent Snaps Toggle：通常配合微调器使用，用于比例缩放。

微调器捕捉 Spinner Snaps Toggle：通常配合微调器使用，默认每点击微调器一次参。

⑦镜像工具 Mirror。

先选物体—再点镜像—再选着镜像的方向。

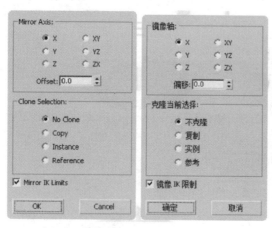

⑧对齐工具 Align。

操作顺序：先选物体—点对齐工具—再选对齐目标。

比较常用的是对齐位置，先选择需要对齐的轴向，然后选择需要对齐的位置（最小、最大、轴心和中心）。当前物体为选择的物体，目标物体为后选择的物体。

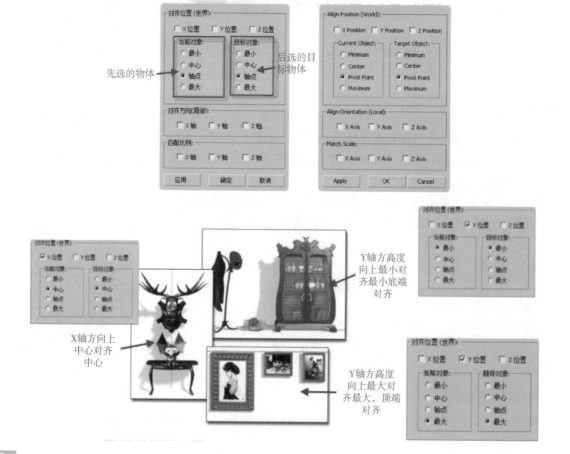

⑨材质编辑器 Material ：快捷键为 M。材质编辑器主要用于材质的制作在后面章节中会详细介绍。

⑩渲染工具 Render ：渲染功能类似于输出功能，把 3d 矢量文件灯光材质效果计算输出为一张图片或者一个动画，是十分常用的工具，快捷键为 Shift + Q，渲染的计算是由 CPU 线程、主频越高渲染越快。

Shift+Q
渲染

快捷键如下表：

选择工具	Q	位置捕捉	S	移动物体	W	渲染工具	Shift + Q
按名称选择	H	角度捕捉	A	旋转物体	E	对齐	Alt + A
选框形状切换	不断按 Q	材质编辑器	M	缩放物体	R	坐标显示	X

三、物　体　创　建

1. 命令面板以及创建面板结构

（1）命令面板 Command Panel。

命令面板包括创建、修改、层次、动画、显示、实用程序六个部分。

　创建 Create：用于新建各种类型物体。

　修改 Modify：用于修改意见创建物体。

　层次 Hierarchy：在效果图制作中常用于修改轴心、锁定物体。

　动画 Motion：用于物体动画创建修改。

　显示 Display：用于控制物体的显示、隐藏、冻结等操作。

　实用程序 Utility：有大量实用程序可供调用，例如资源管理、测量工具、资源收集器、贴图路径管理器等。

（2）创建面板 Create。

　三维物体 Geometry：常用类型包括标准体 Standard Primitives、扩展体 Extended Primitives。

　二维物体 Shapes：二维线条，此类物体没有体积大小。

　灯光物体 Light：用于照明模拟，常用灯光是 Vray 类型。

　摄像机物体 Camera：用于模拟摄像机、保存视图角度。

　帮助物体 Helpers：辅助类型物体，例如卷尺、量角器等。

≋空间扭曲物体 Space Warp：用于动画特效。

系统物体 System：用于动画制作。

2. 三维几何物体

（1）创建方式。

一般物体的创建方式都是左键点击激活命令—在视图中拖动创建物体—此时可以在创建面板修改物体参数—完成一个后可以再重复绘制—最后在视图空白处按鼠标右键完成命令。

★注意：再创建结束后物体的修改需要到修改面板。

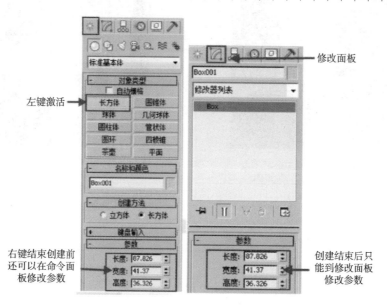

（2）尺寸参数。

尺寸参数包括长度、宽度、高度、半径等用于控制物体的大小、造型。

（3）分段参数。

分段数 Segments、边数 Sides 用于控制物体的光滑度，分段和边数越高物体越圆滑，但会越占用系统和显卡资源。所以分段数应用原则是物体表面圆滑了就不需要再增加分段，需要圆滑的部位需要分段、平整的部位就不需要添加分段。

分段越多越圆滑

平整处无需分段

（4）参数栏的使用技巧。

直接输入尺寸参数。

左键点击微调器微调。

拖动微调器从而大幅度修改参数。

右键点击微调器快速将参数清零。

用上下方向键来切换参数，而无需点击鼠标或者按 Tab。

（5）常用三维物体介绍。

我们熟悉的几何基本体在现实世界中就是像皮球、管道、长方体、圆环和圆锥形状冰淇淋杯这样的对象。在 3ds Max 中，可以使用单个基本体对很多这样的对象建模，还可以将基本体结合到更复杂的对象中，并使用修改器进一步进行优化。

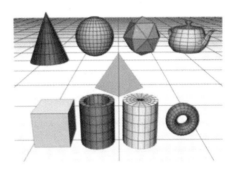

1）长方体 Box：最基本的三维几何体。可以改变缩放和比例以制作不同种类的矩形对象，类型从平的面板和板材到高柱和小块。

2）圆锥体 Cone、圆柱体 Cylinder、管状体 Tube：拥有相似的参数结构。

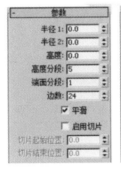
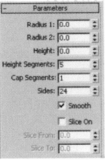
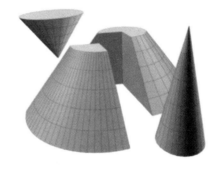

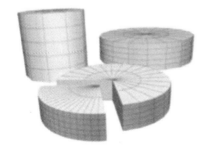
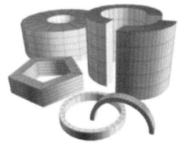

3）圆柱体 Cylinder 功能用于生成圆柱体，要围绕其主轴进行"切片"。

4）管状体 Tube 可用于生成圆形和棱柱管道，管状体类似于中空的圆柱体。

5）球体 Sphere：球体将生成完整的球体、半球体或球体的其他部分，还可围绕球体的垂直轴对其进行"切片"。

6）几何球体 Geospheres：使用"几何球体"可以基于三类规则多面体制作球体和半球。

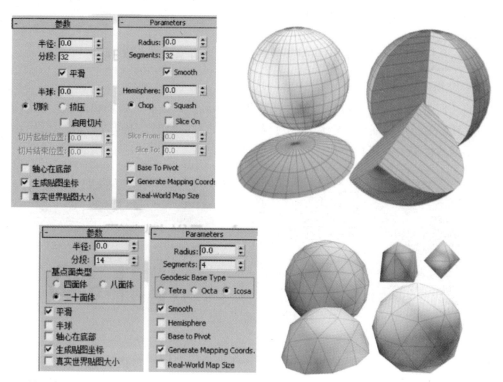

与标准球体相比，几何球体能够生成更规则的曲面，在指定相同面数的情况下，它们可以使用比标准球体更平滑的剖面进行渲染，与标准球体不同，几何球体没有极点，这对于某些修改器（如：自由形式变形，FFD 修改器）非常有用。

7）平面 Plane：严格说世界上不存在这种没有厚度的物体。而在 3d 中所有的三维物体都是由一块一块的面平砌起来的。平面物体的最大特征是没有厚度、背面为黑色。

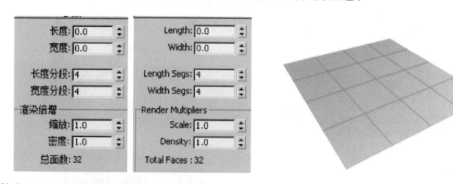

8）茶壶 Teapot：最具有特色的一个物体。

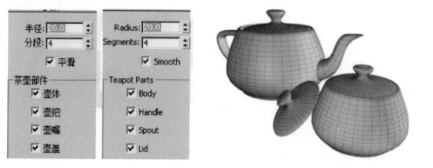

茶壶至此成为计算机图形中的经典示例。其复杂的曲线和相交曲面非常适用于测试显示世界对象上不同种类的材质贴图和渲染设置。

9）切角长方体 Chamfer Box：除了标准基本体以外，扩展基本体中的切角长方体也非常常用，是制作家具的重要构建。

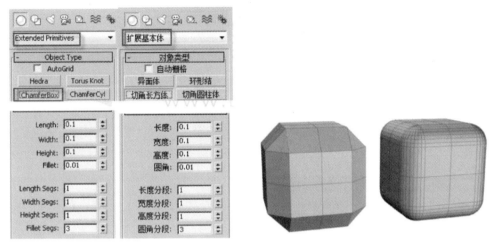

（6）二维物体的创建。

1）二维物体：二维物体分为样条线 Splines、NURBS 曲线和扩展样条线 Extended Splines。

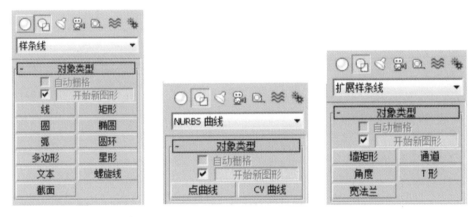

其中样条线最为常用，扩展样条线都是些特殊线性、NURBS 曲线用于工业建模效果图制作较少适用。

2）常用规则二维物体创建。

①矩形 Rectangle。

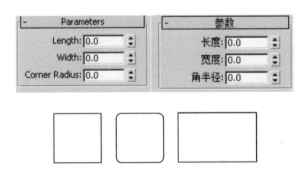

②圆形 Circle。

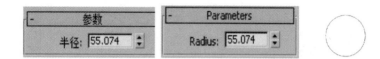

③椭圆 Ellipse。

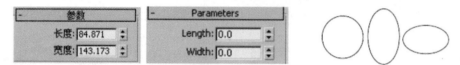

④弧形 Arc。

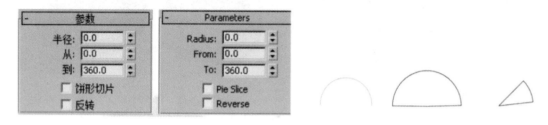

第二部分　别墅客厅效果图制作

企业合作人：邓自健，设计总监
合作公司：广州孝尊组建筑装饰工程有限公司

一、制作要求及准备

1. 导入精简 CAD 图纸

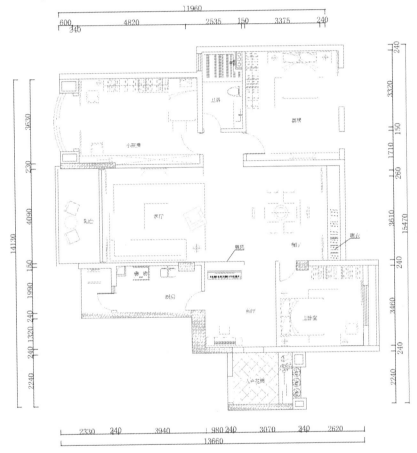

2. 效果图制作

3. 制作要点

- 工程平面图的简化与导入整理
- 地面、天花和墙体建模
- 设置摄影机
- 合并家具
- 灯光设置
- 渲染及后期处理

二、制作流程

1. 初步模型的建立

要求正确导入 CAD 平面图，整理好图层，把平面图坐标归零、冻结。

（1）在 CAD 软件里精简 CAD 图纸，精简为需制作的区域，并保存为"3d 平面图 . dwg"文件。

（2）修改单位，把单位设置为毫米，自定义——单位设置。

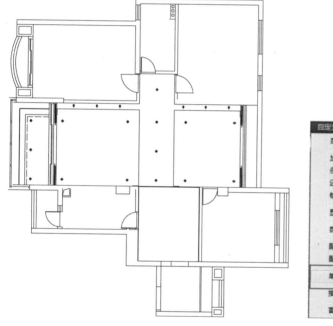
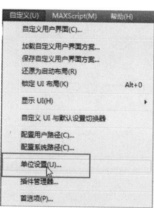

（3）导入"3d 平面图 . dwg"文件。我们导入平面图的目的是起到一个参照的作用，为建立模型时提供方便。

（4）单击菜单栏的"组—成组"命令，在弹出的对话框中单击确定按钮，坐标归零。

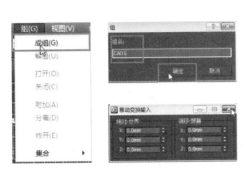
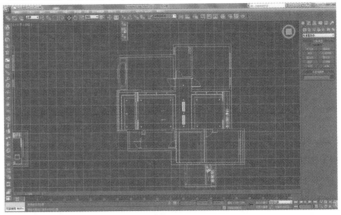

（5）打开顶点模式，按下S键将捕捉打开，捕捉模式采用2.5维捕捉，将鼠标指针放在按钮上方，单击鼠标右键，在弹出的"栅格和捕捉"窗口中对"捕捉"及"选项"进行设置。

（6）使用样条线，绘制墙体线，然后使用"挤出"修改命令并设置高度为2850mm（即墙的高度为2.85m）成为墙体。

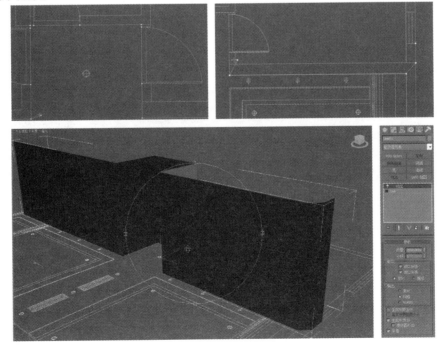

（7）把墙面转为"可编辑多边形"，然后使用"翻转"，把墙面的朝向转过来，效果如图所示。

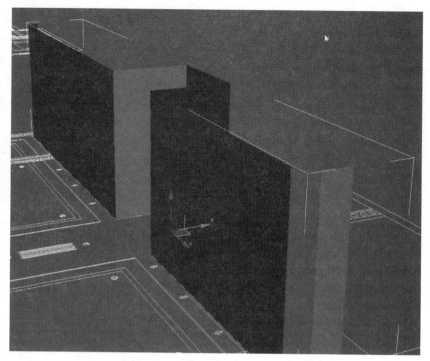

（8）用同样方法创建出另一边的墙体如图所示。

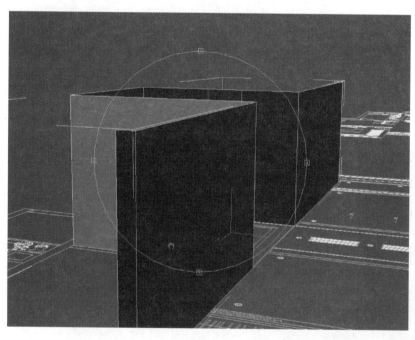

（9）同样是把墙面转为"可编辑多边形"，然后使用"翻转"，把墙面的朝向转向室内，效果如图所示。

（10）制作的顺序是由下而上，接着绘制地板。

（11）用线绘制阳台外墙，并闭合样条线，然后"挤出"高度为100mm，效果如图所示。

（12）接下来绘制阳台的栏杆，使用"矩形"按平面图位置绘制矩形栏柱，并挤出高度为900mm。

（13）右键点击 ✛ 移动工具打开"移动变换输入面板"在偏移的 y 轴输入100调整栏柱位置，效果如图所示。

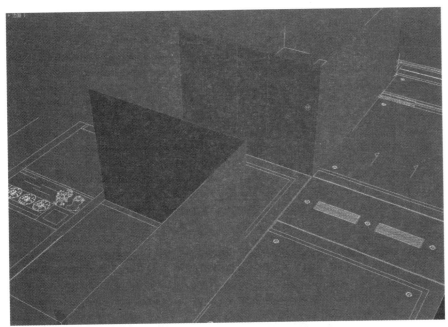

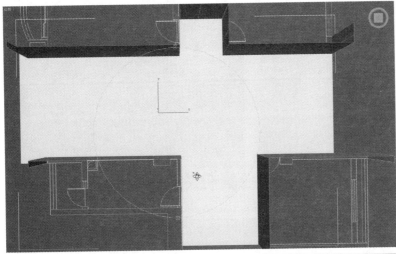

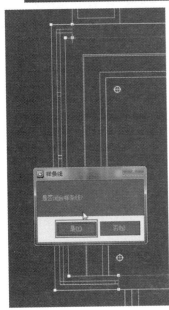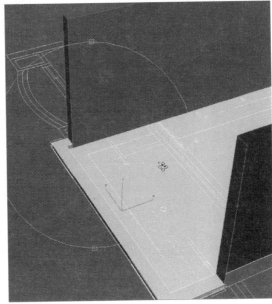

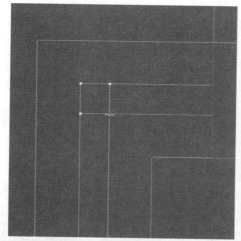

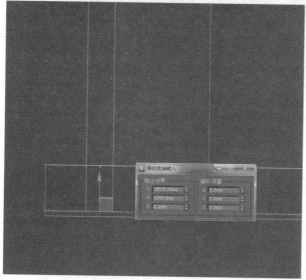

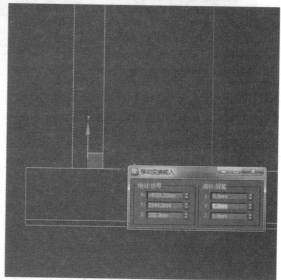

（14）再回到顶视图，按平面图位置关联复制数个栏柱，复制后的效果如下图所示。

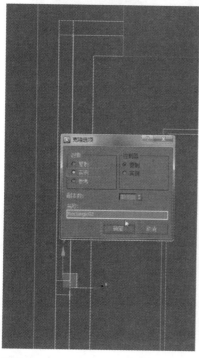

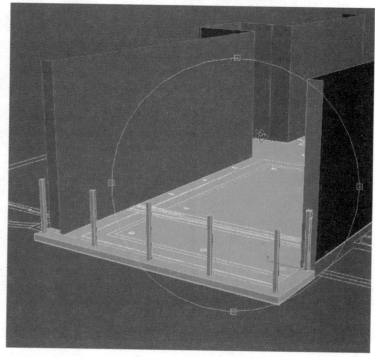

（15）使用创建线工具勾出阳台的栏杆造型，"挤出"高度为60mm。

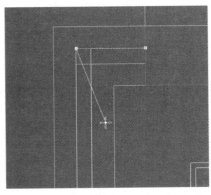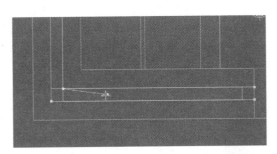

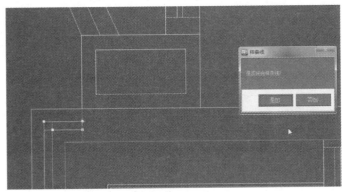

（16）转到前视图调整栏杆的位置，如下图所示。

（17）使用创建线勾出防护栏，如下图所示。

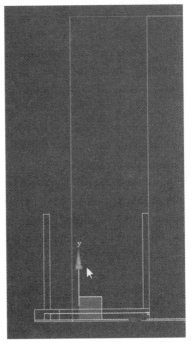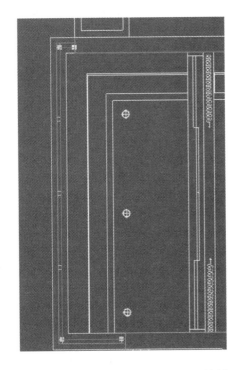

（18）打开样条线的"顶点"模式，选择下图所示的顶点，右键点击 移动工具打开"移动变换输入面板"在 x 输入 –30 调整所选点的位置。

（19）选择下图所示的顶点，右键点击 移动工具打开"移动变换输入面板"在 y 输入 –30 调整所选点的位置。

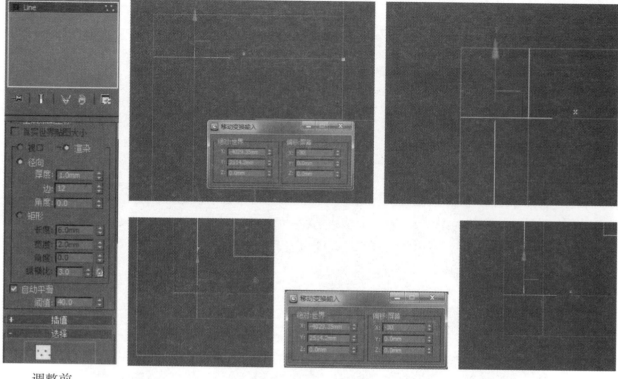

调整前：

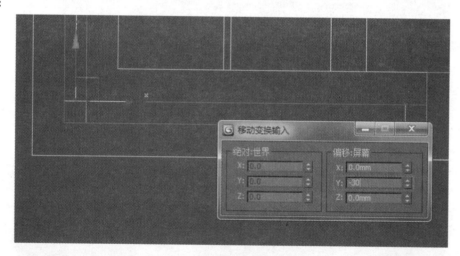

调整后：

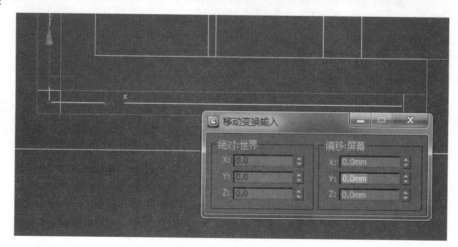

（20）选择下图所示的顶点，右键点击 移动工具打开"移动变换输入面板"在 y 输入 30 调整所选点的位置。

调整前：

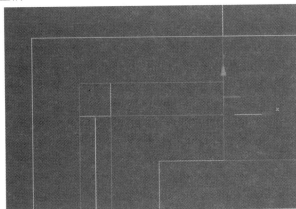

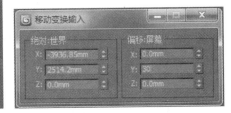

调整后：

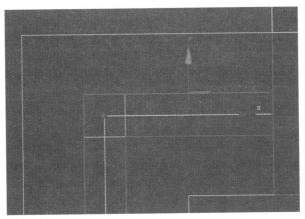

（21）打开线条修改面板中的渲染厚度选项，勾选渲染和视图中启用，然后设置厚度为 12mm 效果如下图所示。

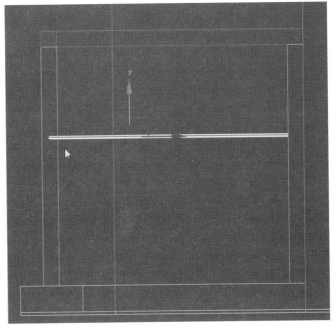

（22）移动护栏线到相应位置，复制护栏线如下图最后的效果，并把护栏成组命名"LG"。

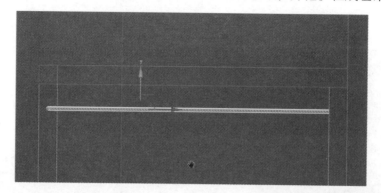

移动摆放位置：

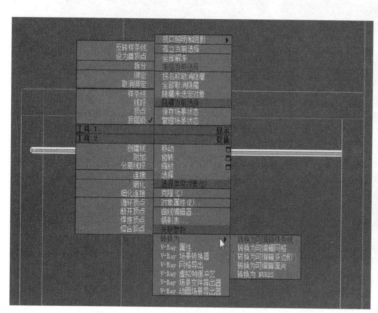

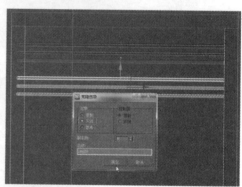

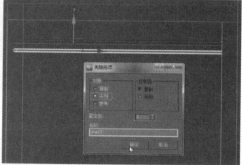

复制完成：

阳台最终效果：

成组：

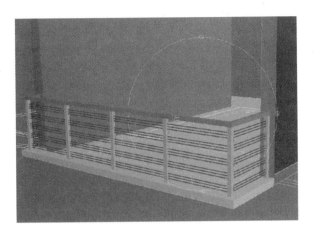

（23）使用"矩形"绘制落地窗的樘位，并"挤出"高度为200mm。

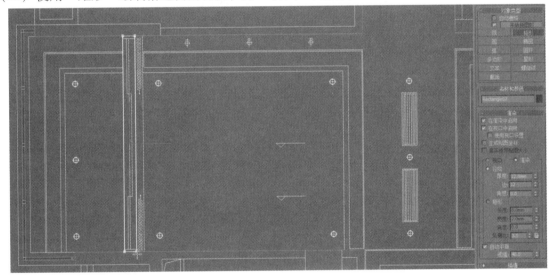

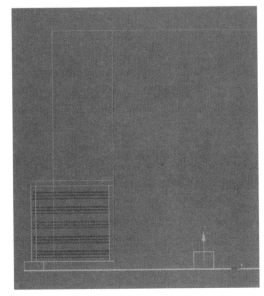

挤出效果

（24）右键点击移动工具打开"移动变换输入面板"在偏移的 y 轴输入 2650 调整栏柱位置，效果如下图所示。

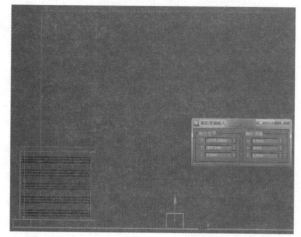
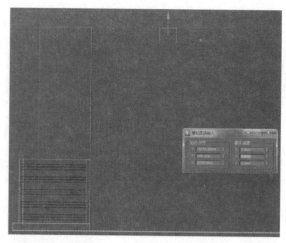

梁的位置效果：

（25）使用"矩形"绘制落地的窗，转换为可编辑样条线，打开顶点模式选择所有的点，右键选择点属性为"角点"。

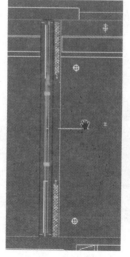

（26）调整上下顶点的位置到窗口外围，然后挤出高度为 2650mm，效果如下图所示。

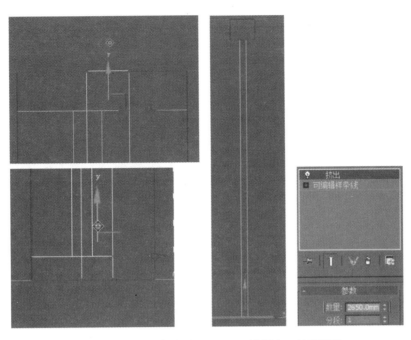

（27）复制梁作为窗的底部，修改挤出高度为 80mm，效果如下图所示。

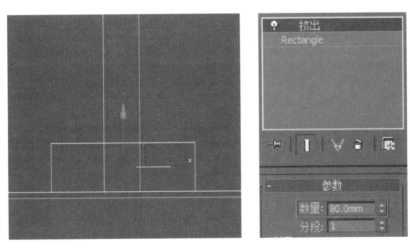

（28）右键把窗中间部分转为多边形，打开顶点模式，右键点击█移动工具打开"移动变换输入面板"在偏移的 y 轴输入 80 调整窗底部位置，效果如下图所示。

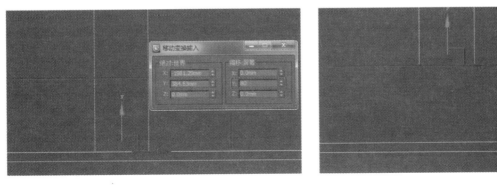

（29）选多边形窗中部按"Alt＋Q"进入孤立模式，打开多边形模式选择背面的面，如下图所示。

选择的面　　　　　　　删除后效果

（30）打开可编辑多边形的线段模式，选择上下两条边，使用"连接"工具，设置分段为3，最后效果如下图所示。

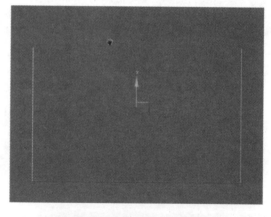

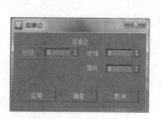

连接后的效果

（31）选择多边形模式选择其中一个多边形面，使用"插入"工具，设置插入量为20mm，给其余3个面分别重复插入指令，效果如下图所示。

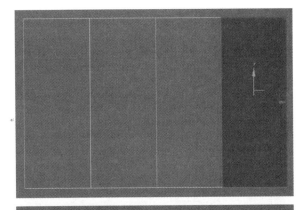

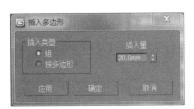

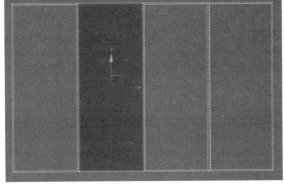

插入完成后效果

（32）把四周的边框扩大，选择下图四周的边，使用移动偏移工具把边分别向内缩进20，最后效果如下图所示。

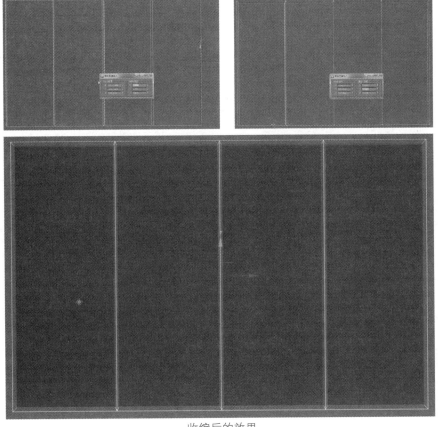

收缩后的效果

（33）切换到多边形模式，选择内部玻璃的面，进行挤出高度为 –60mm 的操作，效果如下图所示。

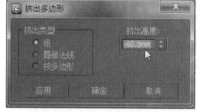

（34）把做好的落地窗复制到对面的位置，窗体中间使用"镜像"功能，复制后效果如下图所示。

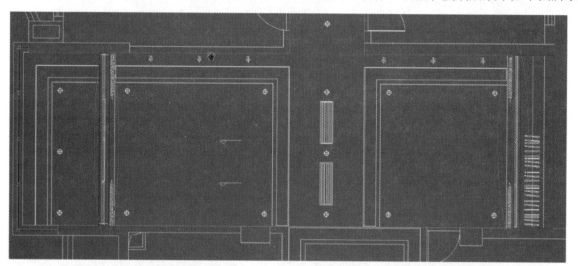

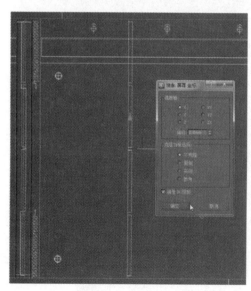

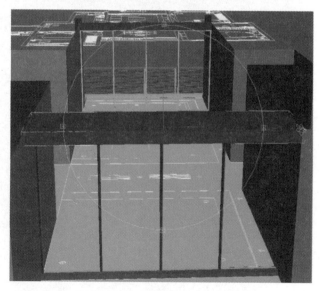

（35）在顶视图，根据平面图的天花位置利用█功能勾线，把天花形勾出来如下图所示。

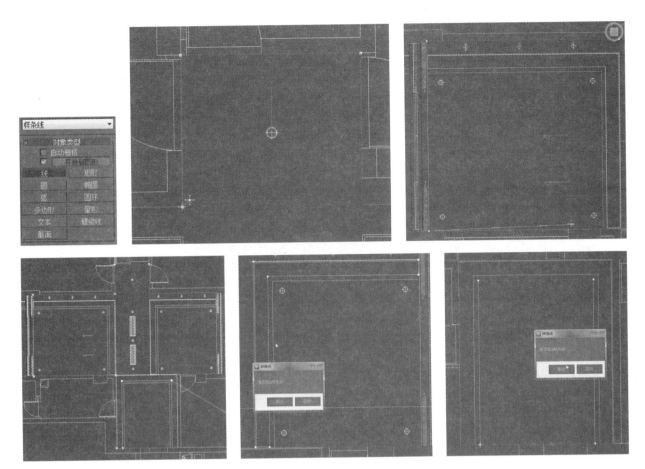

最后完成效果：

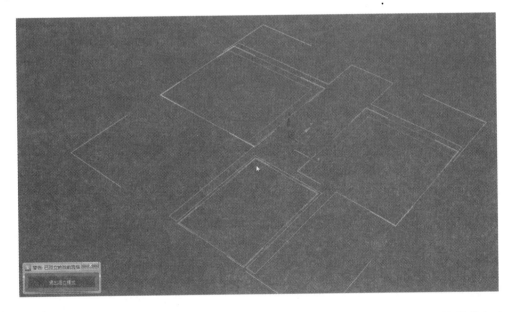

（36）选择画好的样条线，右键使用"附加"功能按鼠标提示点选其他的线，使其他都变为同一条样条线。

（37）先给天花做好预留的筒灯开孔位置，使用"圆形"工具根据平面图位置画出筒灯的挖孔圆形，如下图所示。

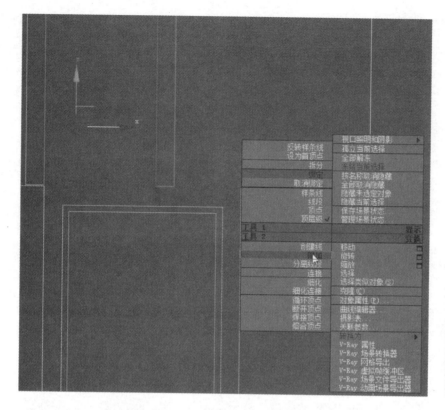

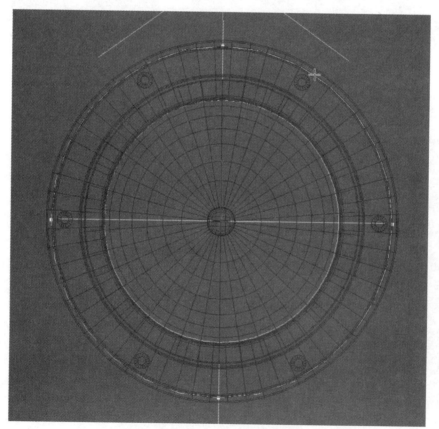

（38）根据平面图的筒灯标注位置逐一复制筒灯挖孔圆形，餐厅位置因看不到就不制作了，如下图所示。

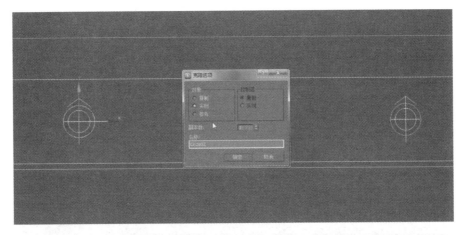

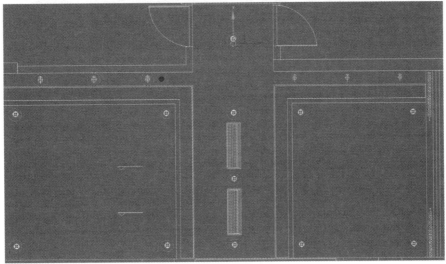

（39）再使用"矩形"勾画排气孔位置。

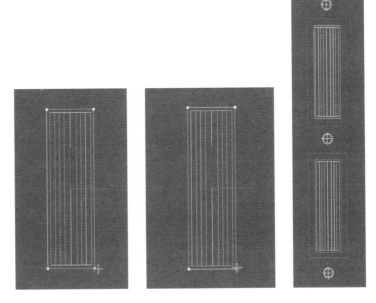

（40）把刚才画的天花线部分用"Alt + Q"孤立出来，然后使用附加功能把所有线变为一个物体，再使用挤出高度为 200mm，效果如下图所示。

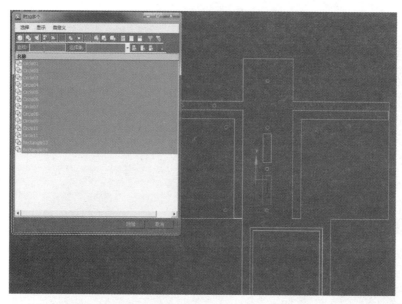

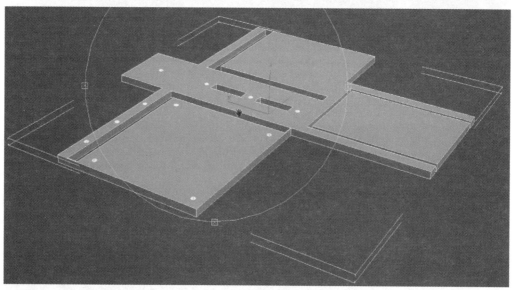

移动天花到相应位置:

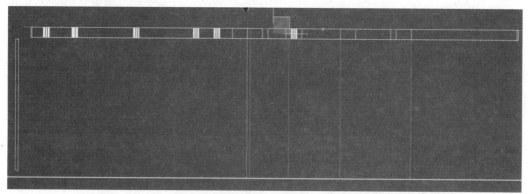

（41）进行天花槽位的加工，选择竖边线并使用"连接"功能，效果如下图所示。

（42）按上面方法做好所有的天花槽位线，选择连接后的面，使用"挤出"工具并选用局部法线，挤出高度为20mm。

（43）调整天花细节，预留出藏灯位置，通过选点和变换移动工具，统一往内收150mm。

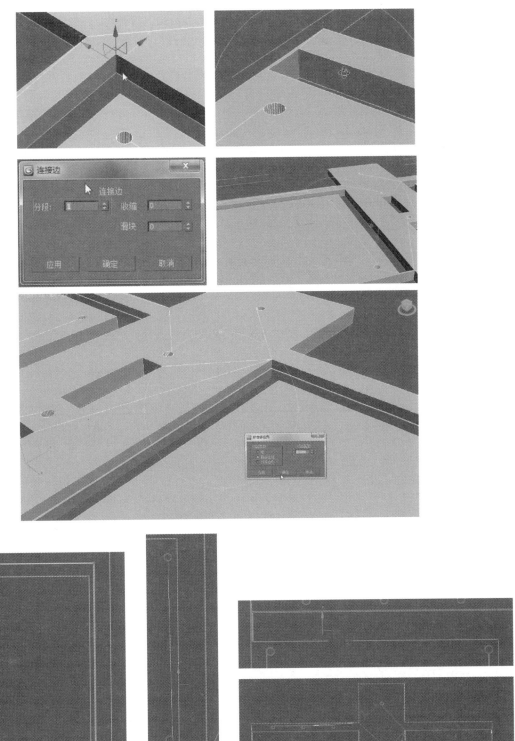

调整好后效果

（44）使用"线"工具勾出藏灯位然后统一使用挤出高度为80mm。

（45）用同样的方法根据平面图位置制作出阳台部分的天花，如下图所示。

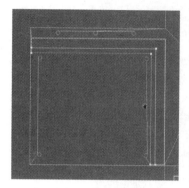

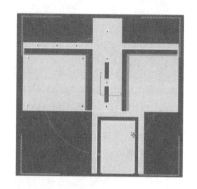
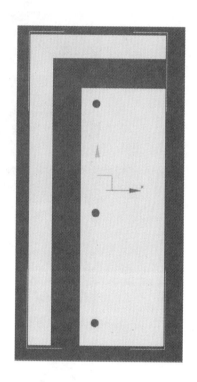

最后效果

（46）使用矩形绘制通风口，然后转换为样条线使用轮廓并挤出3mm，效果如下图所示。

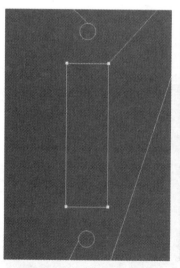
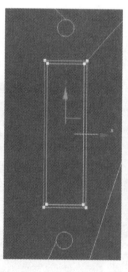

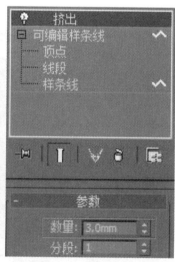

（47）使用矩形绘制通风口百叶条，然后挤出10mm，复制5条然后附加起来，统一调整，如下图所示，然后镜像复制。

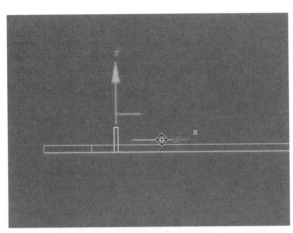

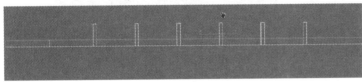

镜像后的效果：

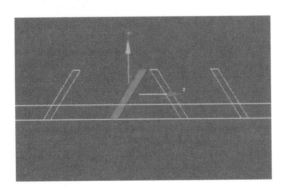

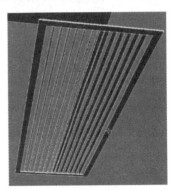

中间再复制 2 条　　　　　　　　　　　　最后效果

（48）复制地面给天花封顶，再把之前做的阳台天花显示出来，效果如下图所示。

（49）绘制阳台修边型并挤出高度为300mm，效果如下图所示。

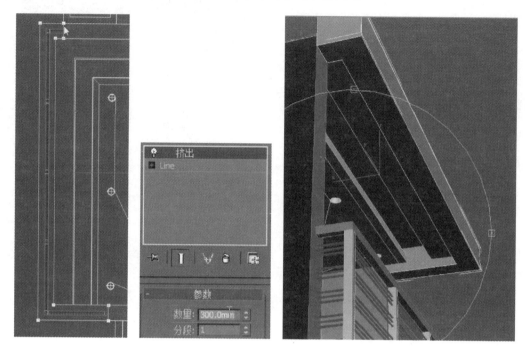

（50）创建摄像机。如图摆放位置，设置镜头28mm，角度略为向上，并添加摄像机矫正，参数如下图所示。

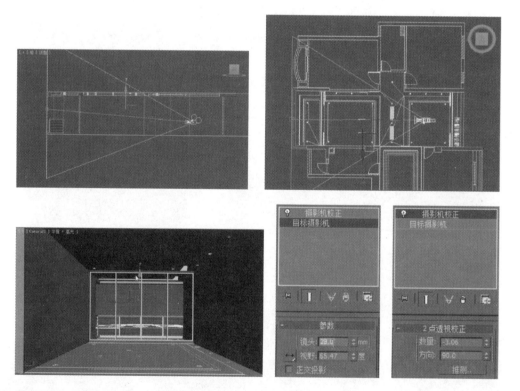

（51）使用线勾出墙面，然后"轮廓"－30，并调整顶点如下图所示，然后"挤出"2650mm。

（52）切换到前视图选择竖线使用"连接"参数如下图，再使用"切角"60，效果如下图，然后如图选择多边形再挤出2mm。

（53）绘制沙发背景墙，如图修改尺寸并挤出高度2650mm。

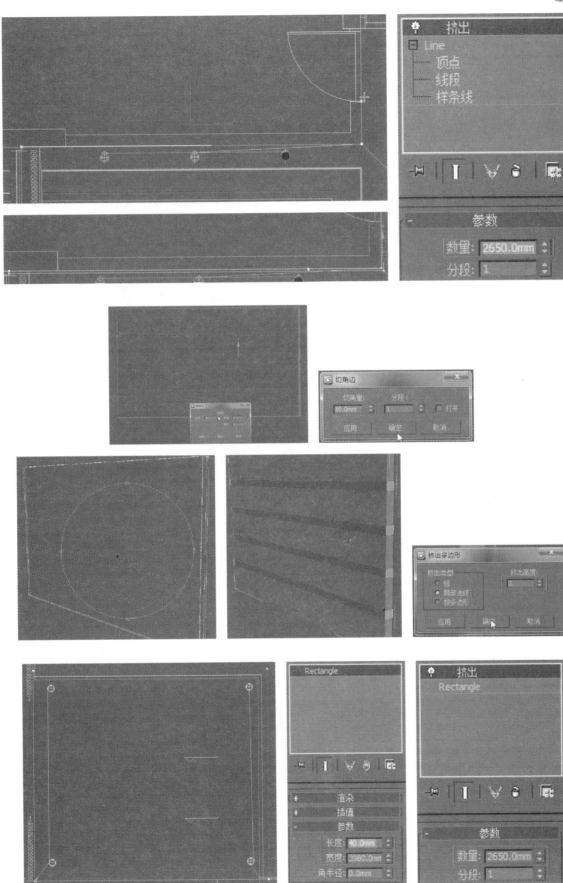

（54）选择背景板转换为多边形，并选择上下横线进行连接，再把连接后的线进行切角参数，再把切角的压条挤出 10mm，如下图所示。

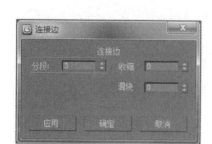

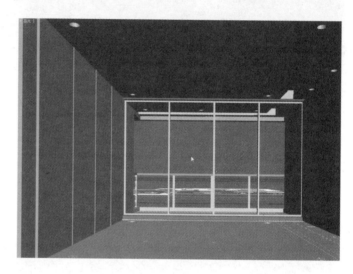

连接效果　　　　　　　　　　　　　　　　　最后效果

（55）绘制地脚线使用轮廓 20，然后挤出 80mm，效果如图所示。

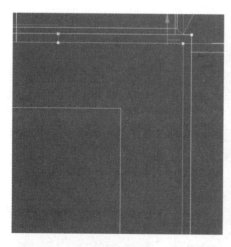 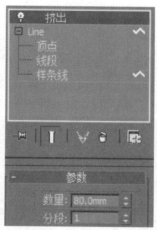 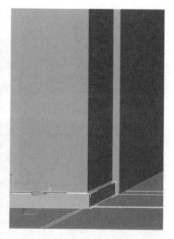

2. 模型细化与初步灯光

（1）按下图所示进行渲染器设置。

（2）给场景赋予一个统一的白墙材质，设置如下图所示。

（3）细化制作沙发背景墙，选择墙面竖线使用"连接"设置如下图所示。

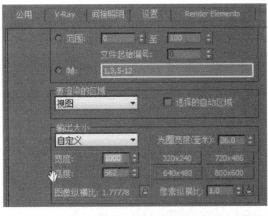

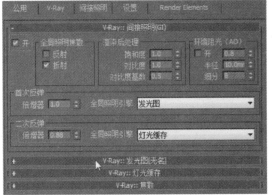

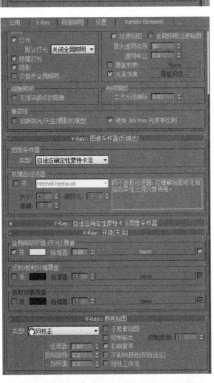

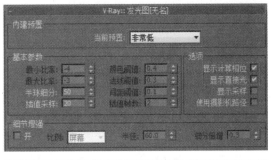

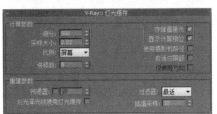

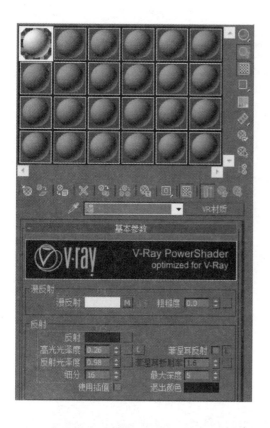

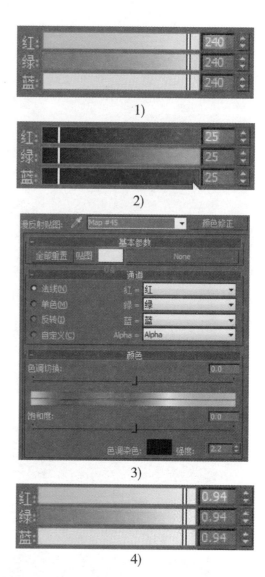

1)

2)

3)

4)

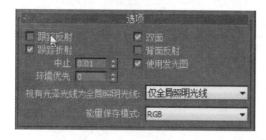

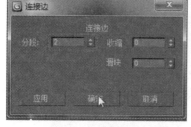

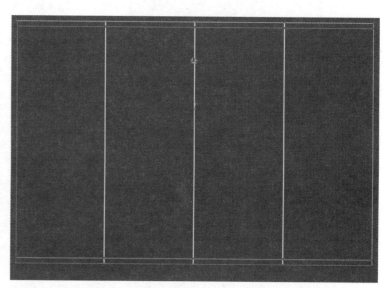

选择连接后的点调整位置上宽度为30mm，下宽度为80mm，效果如下图所示。

（4）选择连接后的面使用"挤出"高度为20mm。

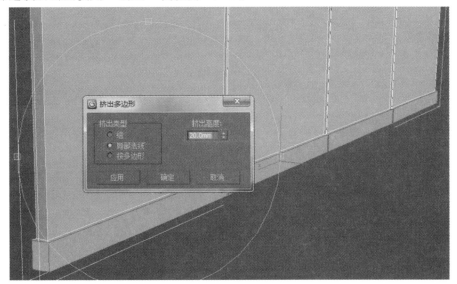

（5）合并书柜、沙发文件到场景中，按下图所示摆放好位置。

（6）使用"矩形"制作墙上挂画，尺寸如下图所示，然后挤出高度为30mm，选择挤出后的模型角上的四边，使用"切角"第一次1mm，第二次0.9mm。

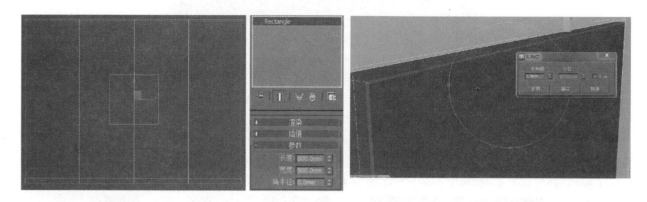

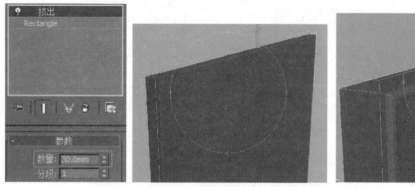

（7）进行初步的灯光设置，选择场景把其余部分隐藏，只留下我们模型的部分，调整环境色如下图所示。

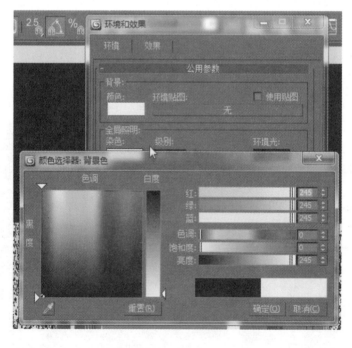

（8）制作阳光。在侧视图绘制灯光的辅助线，帮助找到灯光摆放的合理角度和位置，并设置好球形灯的详细参数，如下图所示。

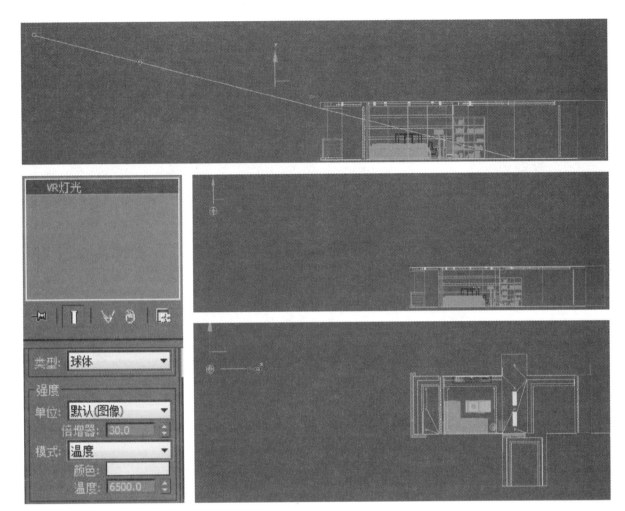

调整后位置

灯光详细设置

阳光效果

（9）制作天花藏灯，绘制平面灯位置如图，并设置相关参数，如下图所示。

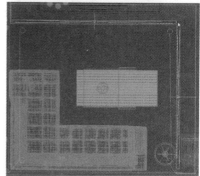

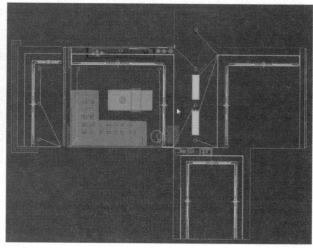

所有平面灯位置

（10）制作台灯和筒灯的灯光，位置和参数如下图所示。

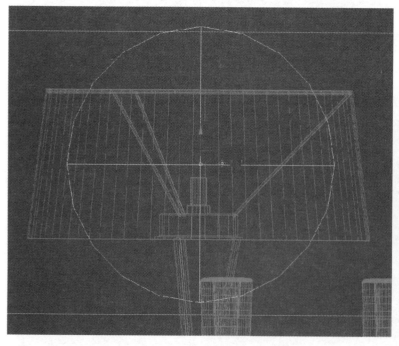

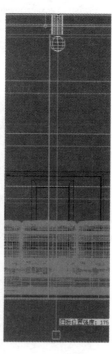

球灯位置　　　　　　　　　　球灯参数　　　　筒灯位置

（11）筒灯参数和导入光学度文件。

（12）根据模型的筒灯位置复制筒灯，并改变灯光数值如下图所示。

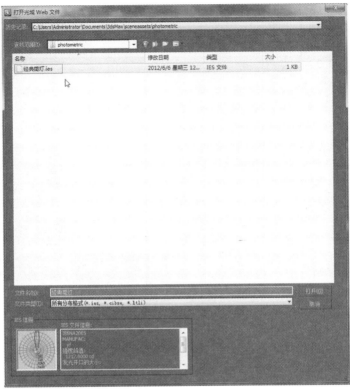

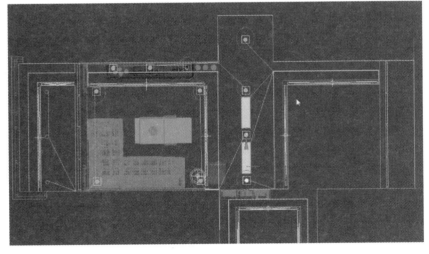

3. 材质制作

导入"DJZ专用. mat", 然后进行相应的材质设置。

（1）把筒灯模型解组进行材质设置。

1）筒灯灯身位置赋予烤漆01材质设置, 如下图所示。

2）选择筒灯外壳赋予烤漆02材质, 如下图设置。

3）螺丝和灯罩部分使用不锈钢材质设置如下图所示。

4）灯胆使用玻璃材质, 设置如下图所示。

5）中间灯芯使用自发光材质, 设置如下图所示。

6）复制筒灯到相应位置, 如下图所示。

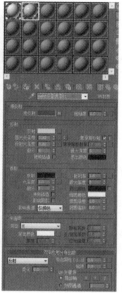

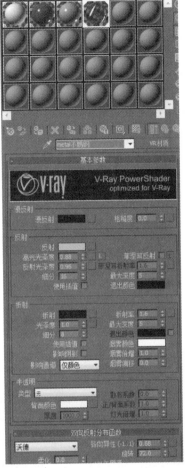

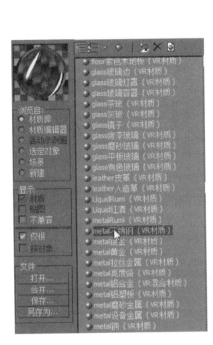

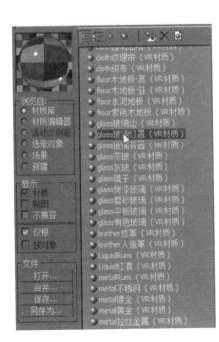

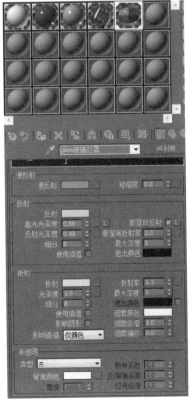

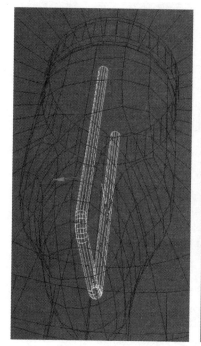

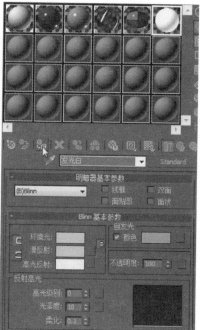

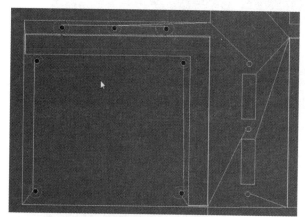

（2）制作地板的瓷砖材质，设置如下图所示。

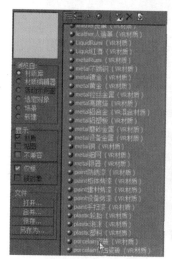

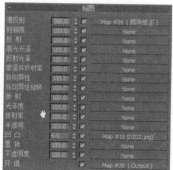

凹凸贴图

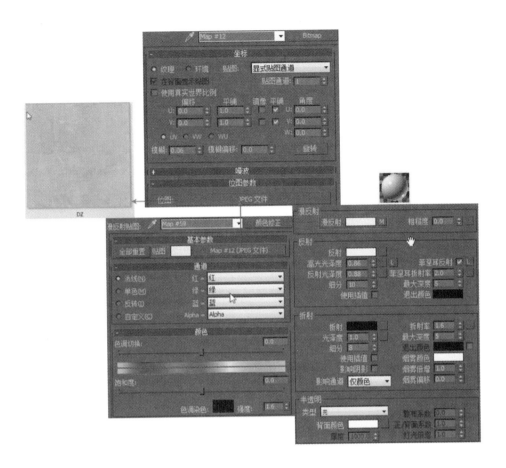

添加 UVW 贴图：

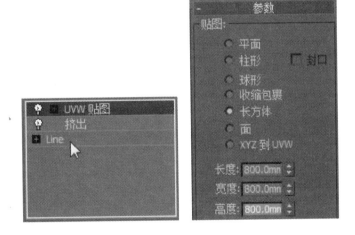

调整地板贴图坐标位置：

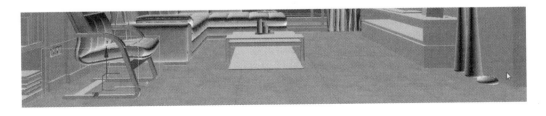

（3）制作墙面材质设置如下图所示。

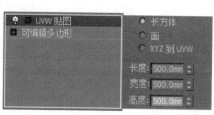

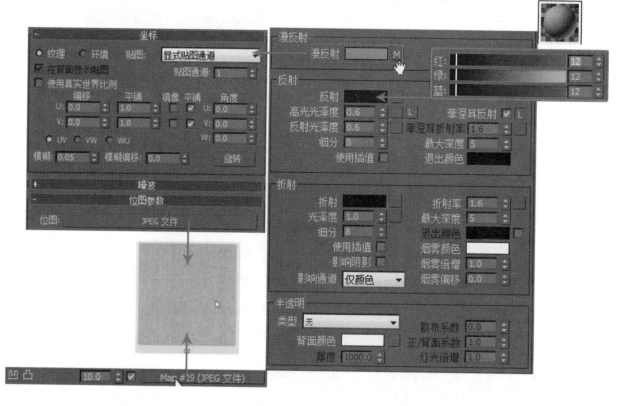

（4）制作电视背景墙材质，如下图所示。

1）横纹砖材质设置。

2）选择中间凹面部分，赋予镜面材质，如下图所示。

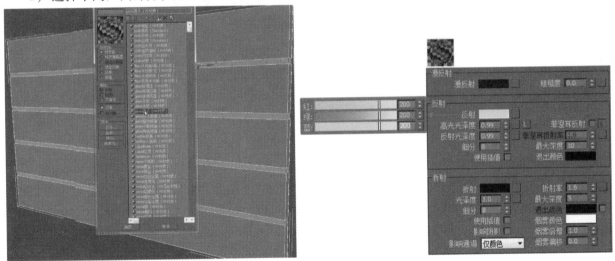

3）选择地脚线赋予刚做好的横砖材质，并调整好 UVW 贴图。

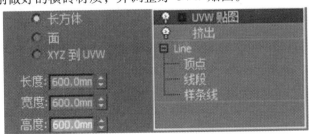

（5）制作沙发背景墙材质，材质分别有 2 种，先把其中一种材质的模型分离出来，再分别设置 2 种材质，如下图所示。

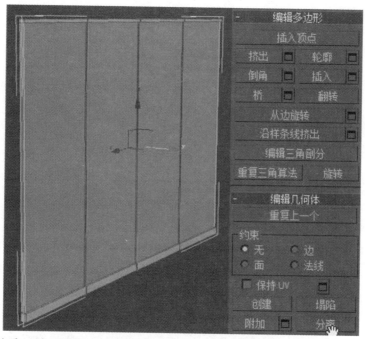

1）中间赋予布材质，并调整好 UVW 贴图，材质设置如下图所示。

效果

2）分离的部分赋予光面木头材质"wood 饰面板亮光"，并调整好 UVW 贴图坐标，设置如下图所示。

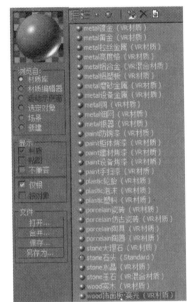

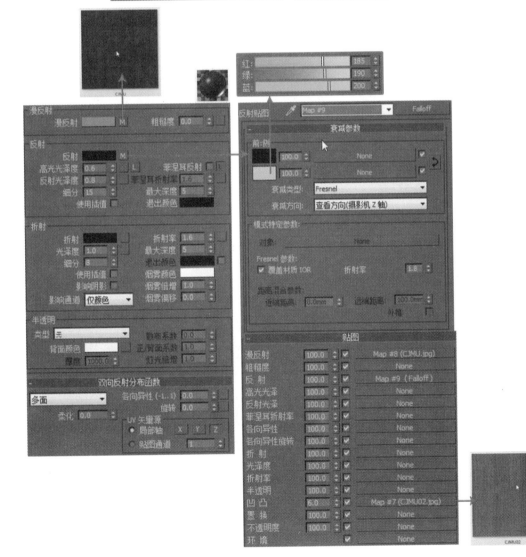

（6）为落地窗框和阳台栏杆赋予烤漆材质，材质设置如下图所示。

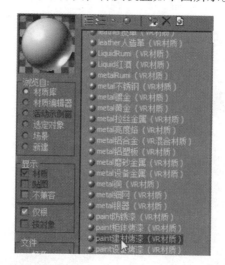

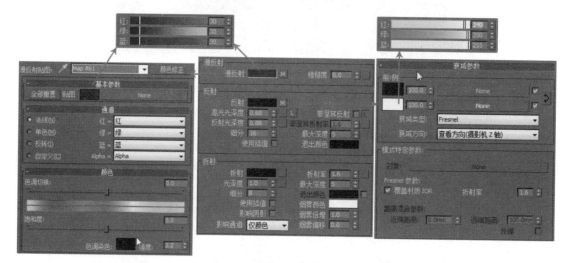

（7）为墙上的画赋予材质，设置如下图所示。

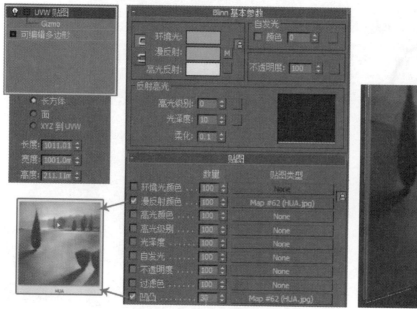

（8）书柜和书柜上的摆设品材质制作。

1）书柜材质赋予之前做的光面木头材质"wood 饰面板亮光"，并调整书架的材质纹理走向，如下图所示。

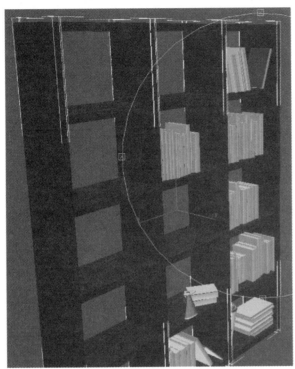

2）陶瓷物体材质如下图所示。

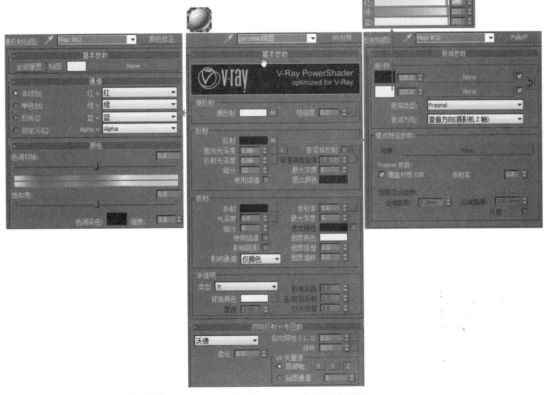

3）书籍材质制作，并调整相应的 UVW 贴图坐标，如下图所示。

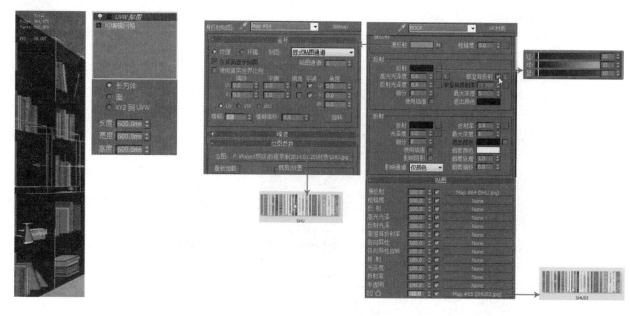

（9）窗帘材质制作，如下图所示。

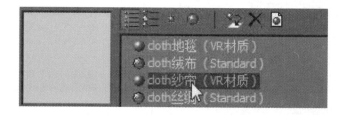

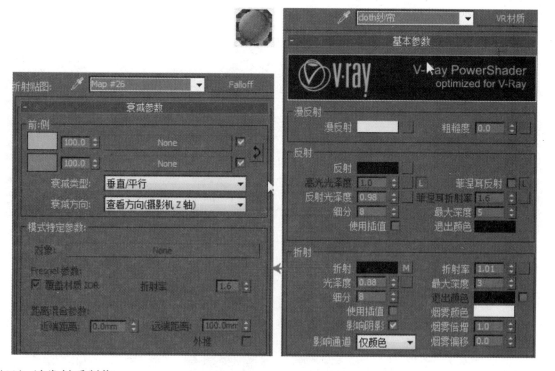

（10）沙发材质制作。

1）沙发脚赋予之前做的光面木头材质"wood 饰面板亮光"。

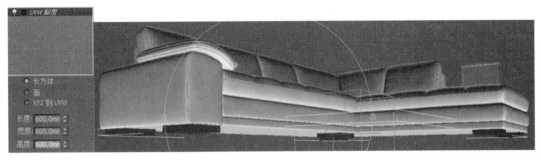

2）沙发皮面材质，调整 UVW 贴图坐标和赋予相应皮革材质，材质制作如下图所示。

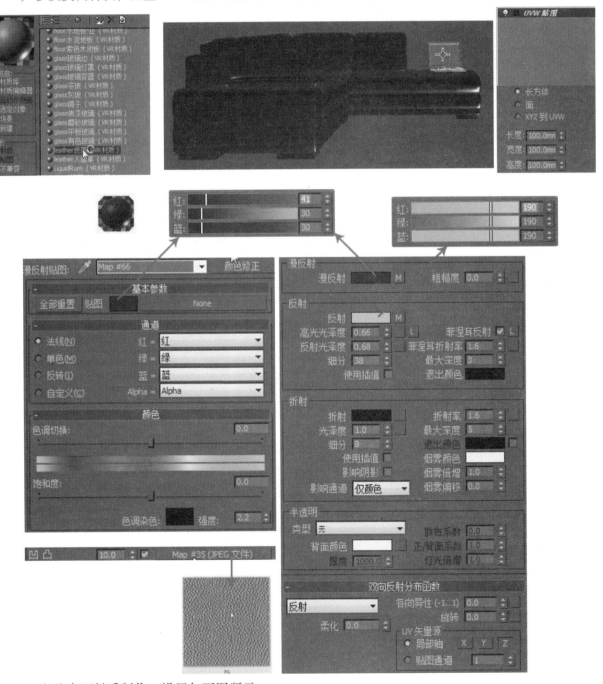

3）电脑表面材质制作，设置如下图所示。

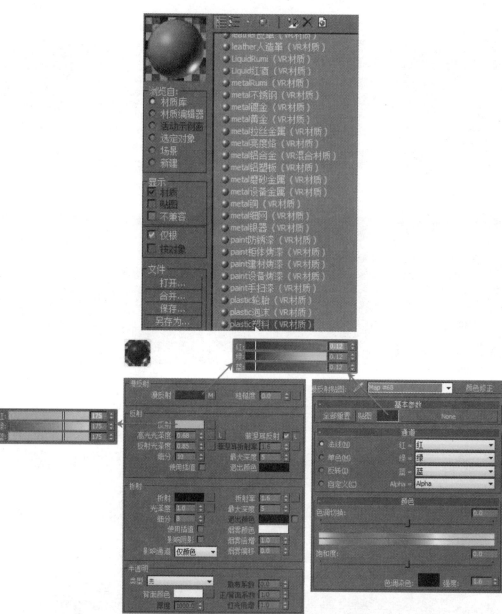

4）电脑屏幕的材质制作，设置如下图所示。

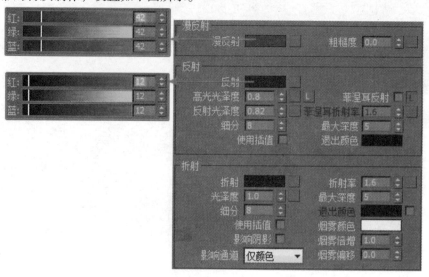

（11）电视柜与电视组合的材质制作。

1）电视柜用之前做的光面木头材质"wood 饰面板亮光"，把其中的纹理稍作修改使用，如下图所示。

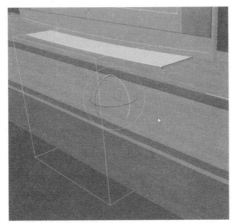

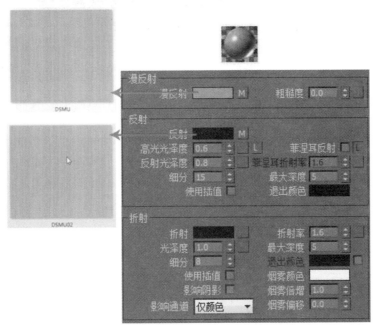

2）电视使用电脑用的材质分别赋予给电视表面和屏幕两种材质，效果如图所示。

3）机身的底下和后面赋予灰色的磨砂金属，设置如下图所示。

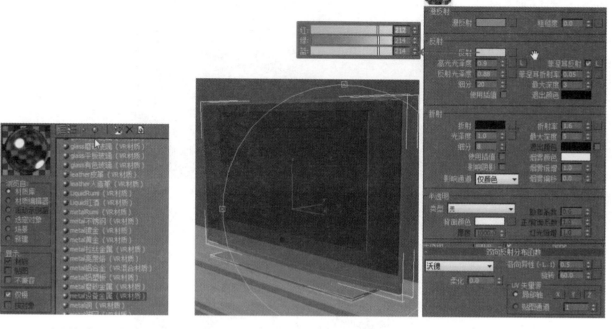

4）金属相框的表面赋予前面做的金属不锈钢材质，然后中间贴上 2 张相片作为内容，如下图所示。

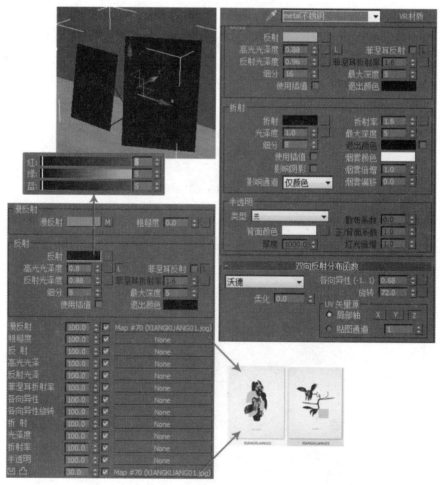

（12）制作茶几材质。

1）茶几使用之前的光面木头材质"wood 饰面板亮光"，调整好 UVW 贴图，如下图所示。

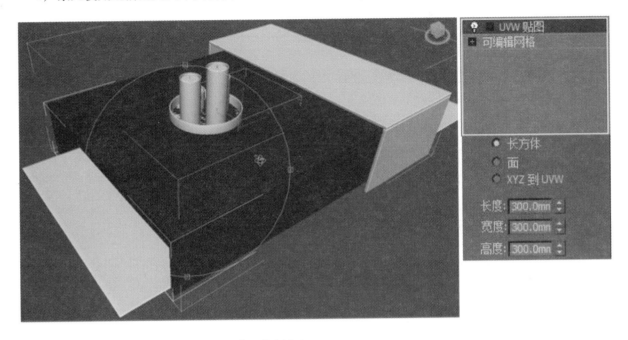

2）茶几面的玻璃台的材质，设置如下图所示。

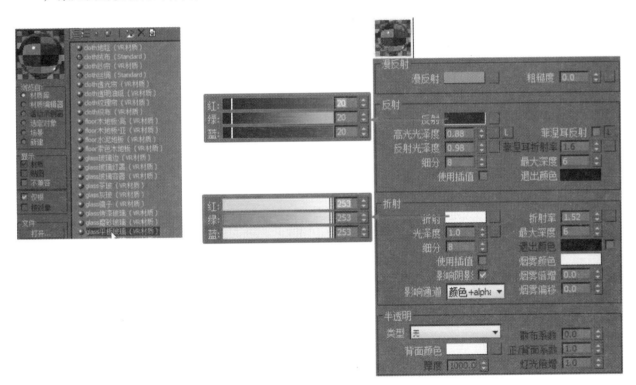

3）地毯材质如下图所示。

（13）茶几上的盘子和蜡烛边使用之前的不锈钢材质，蜡烛身赋予有色玻璃材质，蜡烛头使用蜡烛材质，设置如下图所示。

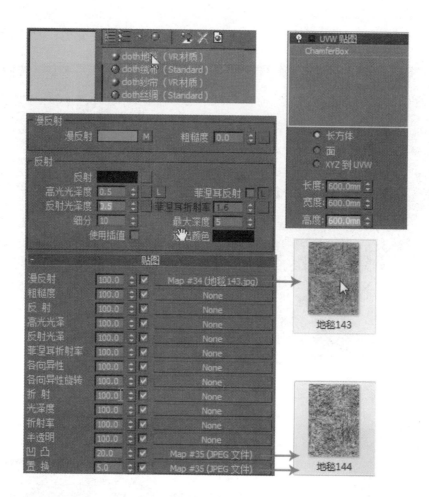

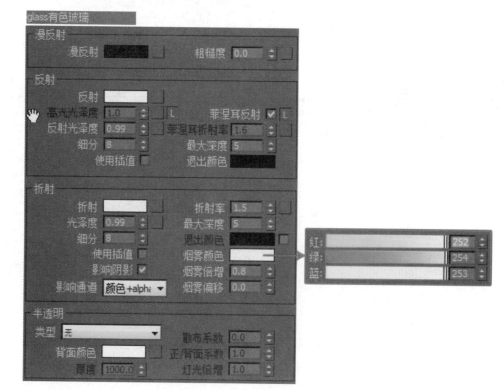

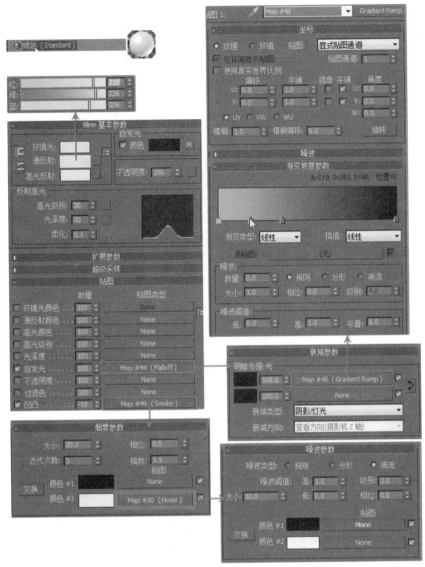

（14）为电视旁的花瓶赋予陶瓷材质，颜色改为一黑一白，如下图所示。

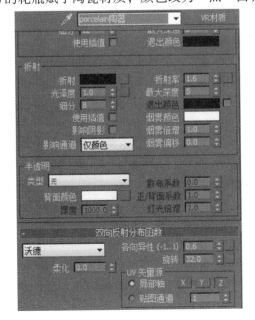

（15）插座赋予前面的烤漆材质，如下图所示。

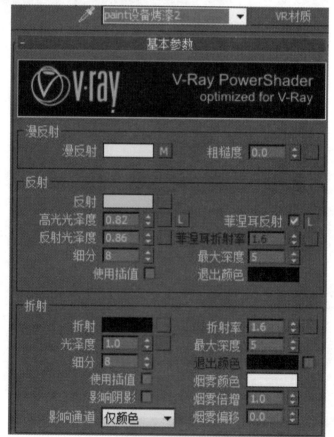

（16）凳子木头支架采用电视柜材质，皮革使用沙发材质改变颜色，如下图所示。

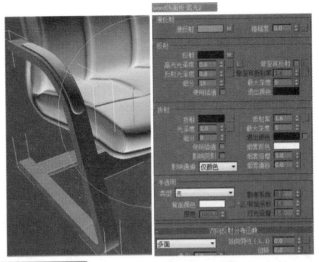

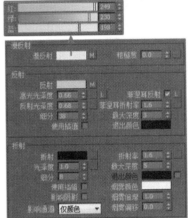

（17）落地灯整体使用之前的烤漆材质，灯罩使用透光帘材质，如下图所示。

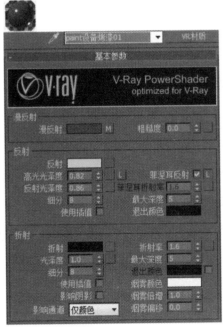

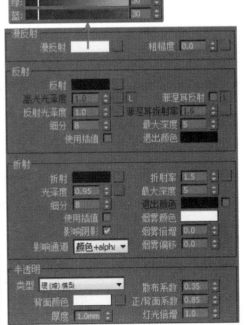

4. 灯光优化与渲染设置

（1）在每一个筒灯的位置上增加一盏不提供阴影的泛光灯。

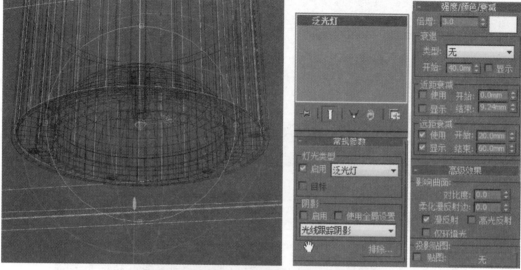

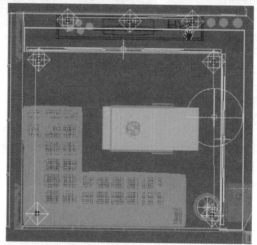

（2）建立穹顶灯位置与设置如下图所示。

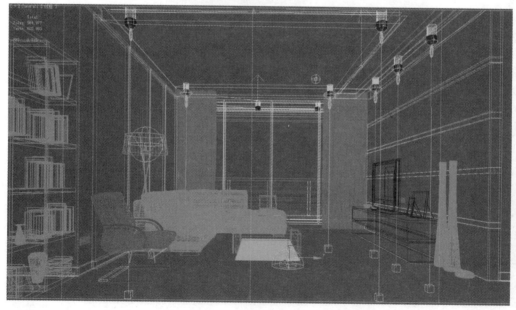

（3）添加背景挡板，赋予贴图，位置如图所示，并把室外的天光灯和中间的穿顶灯都排除掉对背景板的影响。

（4）对渲染器进行最终效果的设置修改，如下图所示。

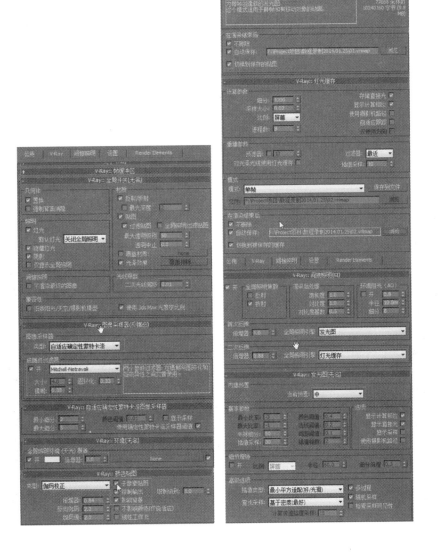

5. 后期处理

（1）设置最终尺寸渲染成品图片，效果如下图所示。

（2）设置渲染通道图，按下图设置通道渲染的插件，并渲染通道图。

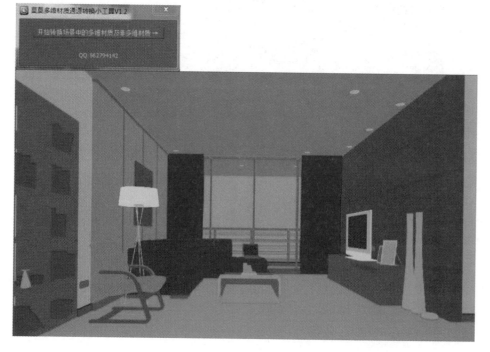

（3）在 photoshop 中打开 2 张渲染图片，并放到一个文件里，把原图在通道图上再复制 2 层。

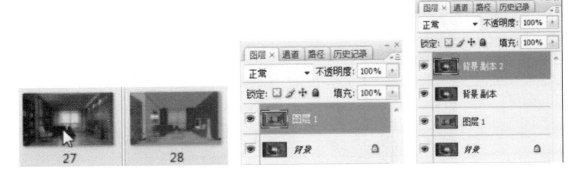

（4）对第一图层使用高反差保留，然后把图层效果改为柔光，然后和下层合并，从而达到锋利边线的作用，然后再按 Ctrl + M 使用曲线整体调亮画面。

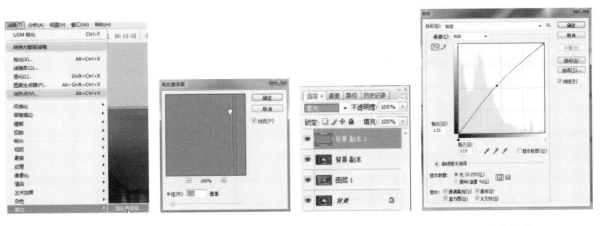

整体调亮

（5）选取天花部分，按 Ctrl + L 调整天花亮度。

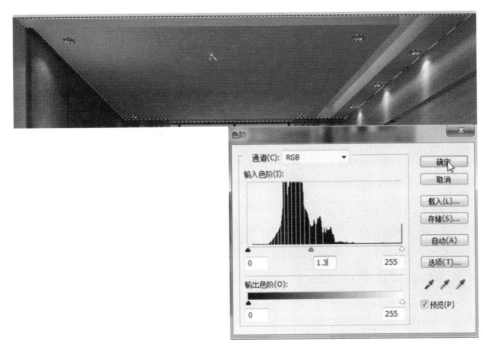

（6）选取窗帘部分，用调亮笔刷调亮窗帘下半部分的亮度，增加整体的通透感。

（7）选取电视背景墙的区域，按 Ctrl + L 调整色阶提高亮度。

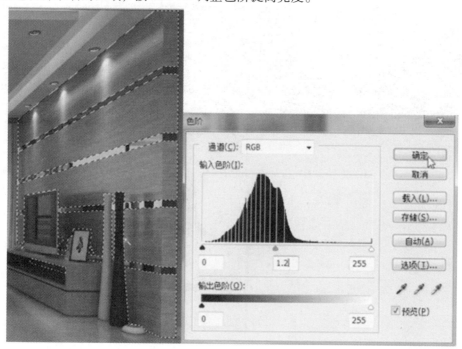

（8）选取沙发背景墙的区域，按 Ctrl + M 使用曲线调整整体亮度。

（9）选取地板的区域，按 Ctrl + M 使用曲线调整整体亮度。

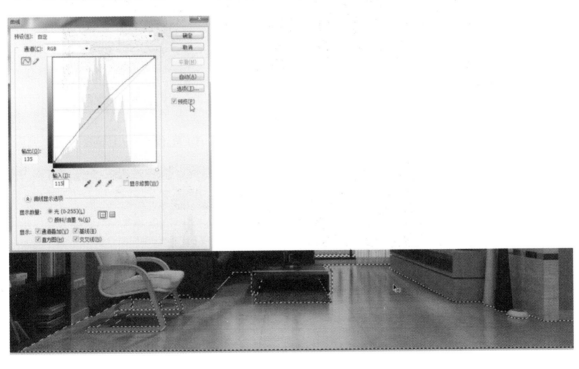

（10）选取沙发的区域，按 Ctrl + L 调整色阶提高亮度。

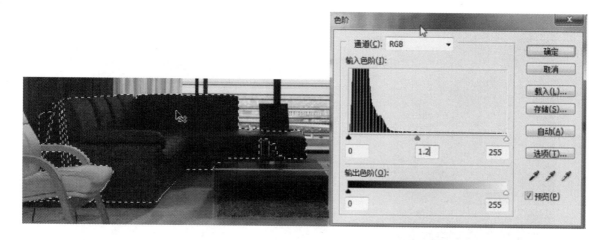

（11）选取电视柜和椅子的相同材质部分的区域，按 Ctrl + U 调整饱和度和提高亮度。

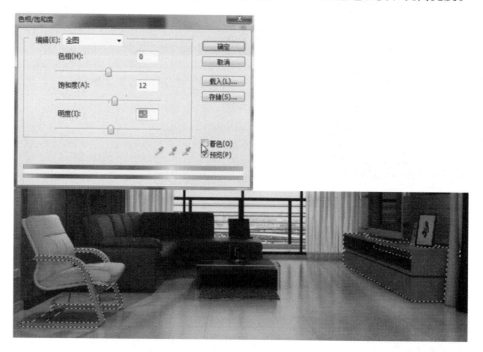

（12）选取书柜、茶几和背景板的相同材质部分的区域，按 Ctrl + M 和 Ctrl + L 调整亮度。

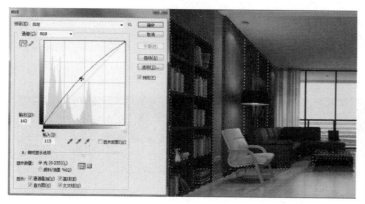

（13）选取茶几的玻璃部分，按 Ctrl + L 调整亮度增加通透感；选取玻璃杯，按 Ctrl + L 调整亮度增加通透感。

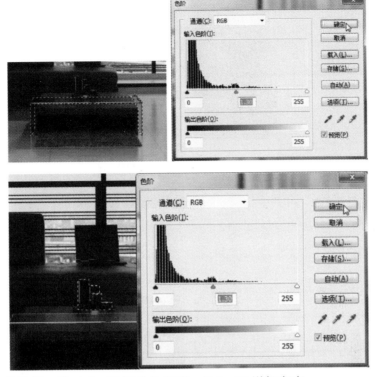

（14）选取陶瓷装饰品，按 Ctrl + U 调整饱和度，Ctrl + M 增加亮度。

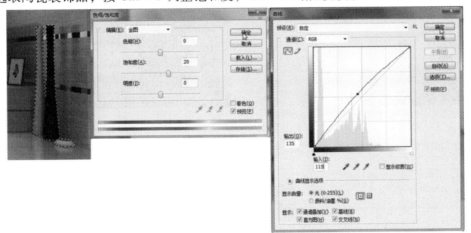

（15）使用 Ctrl + L 调整灯罩和装饰画的通透感。

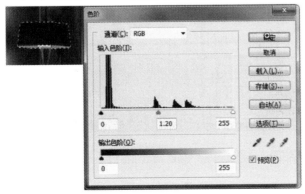
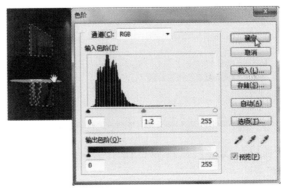

（16）使用 Ctrl + M 调整电视的整体亮度，使用 Ctrl + L 分别调整电视屏幕、电视外壳和电视边缘的通透感，最后调整电脑和电视的屏幕通透感，如下图所示。

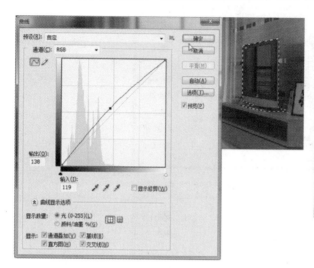

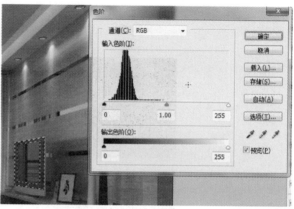

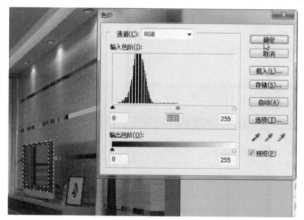

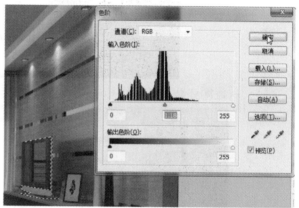

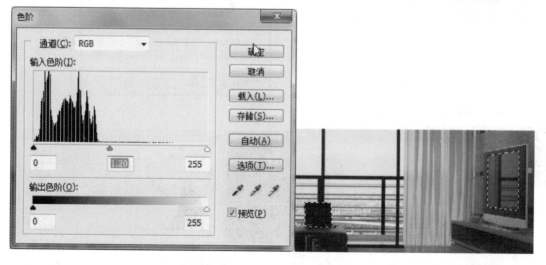

（17）选择筒灯区域，使用 Ctrl + M 调整整体亮度，再用色彩平衡调整色相，选择天花，调整亮度。

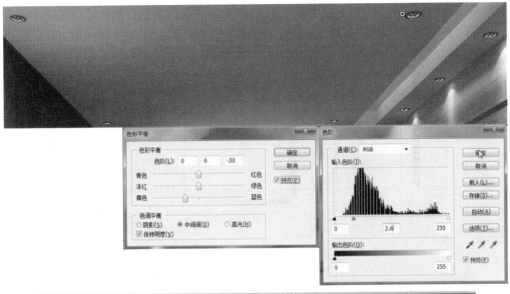

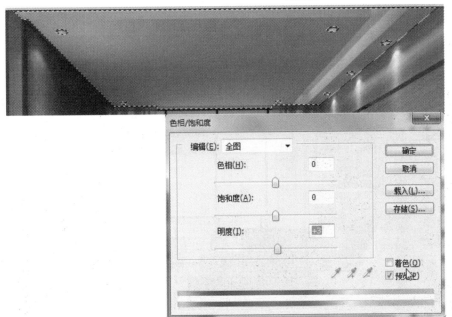

（18）对整个画面增加色调调整，如下图所示。

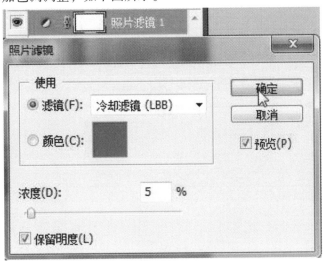

（19）保存图片为最终的 .jpg 文件，然后打开 .jpg 文件作最后调整，然后添加 USM 锐化和 Ctrl + M
调整亮度，然后复制当前层为新的一层，再改变图层效果为柔光，如下图所示。

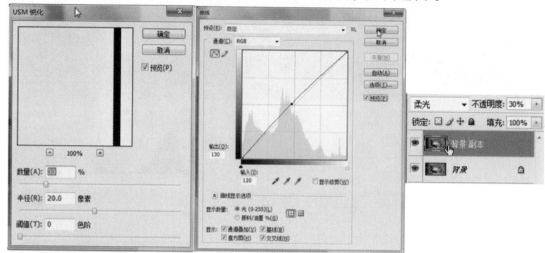

（20）完成效果如下图所示。

第三部分　休闲自助餐厅效果图制作

企业合作人：邓自健，设计总监
合作公司：广州孝尊组建筑装饰工程有限公司

一、制作要求及准备

1. 效果图制作

本案例通过制作餐厅效果图来学习效果图的整体制作思路，通过导入精简好的 CAD 平面图，然后制作，最后合并家具、调制材质、设置灯光、使用 V－Ray 渲染出图、效果图的后期处理，餐厅最终的效果图如图所示。

2. 制作要点

- 打开 3ds Max，导入 CAD 平面图
- 制作出墙体、天花以及墙面造型
- 合并家具
- 场景中主要材质的调制
- 设置摄像机及灯光
- 设置 V－Ray 渲染参数渲染出图
- 保存文件，进行效果图后期处理

二、制作流程

1. 打开 3ds Max，导入 CAD 平面图

（1）点击自定义（01），选择自定义中的单位设置（02）。

（2）点击进入系统单位设置（01），系统单位比列设置为毫米（02），设置完后点击"确定"。设置显示单位比例公制为毫米（04），照明单位设置为 International（05），最后点击"确定"（06），完成单位设置。

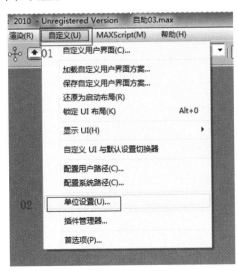

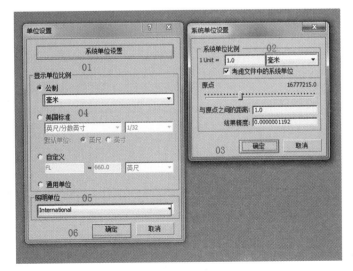

2. 制作出墙体、天花以及墙面造型

（1）导入 CAD 精简平面图，如图所示，首先点击左上角 3D 图标（01），选择"导入"（02），再将文件导入到 3ds Max 中选择"导入"（03）。最后进入 CAD 图纸所在的文件夹，选择需要的 CAD 平面图纸。

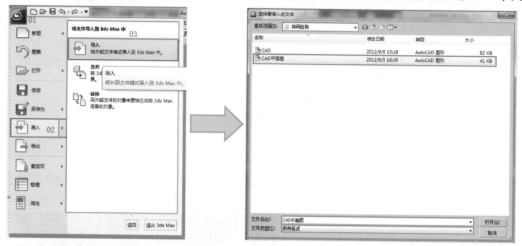

（2）需要注意的是，导入 CAD 时也需要把传入的文件单位设置为毫米，如下图所示。

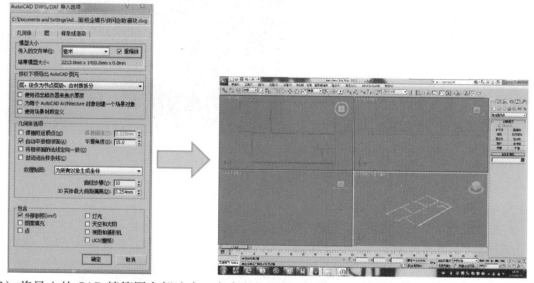

（3）将导入的 CAD 精简图全部选中，点击鼠标右键，选择"冻结当前选择"，冻结导入的 CAD。

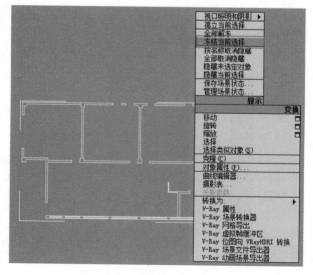

（4）开启捕捉（01），进入创建面板（02），在图形当中选择"线"（03－04），然后在顶视图利用线命令画出餐厅的墙体。

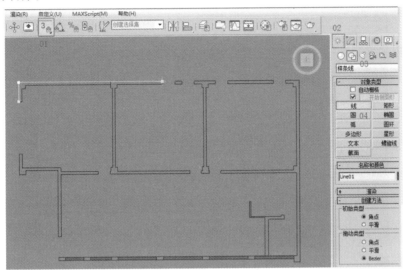

（5）进入修改面板（01）里选择"挤出"（02），将墙体挤出相对应的高度，并修改参数（03），输入正确的高度，进入透视图中查看挤出是否正确。

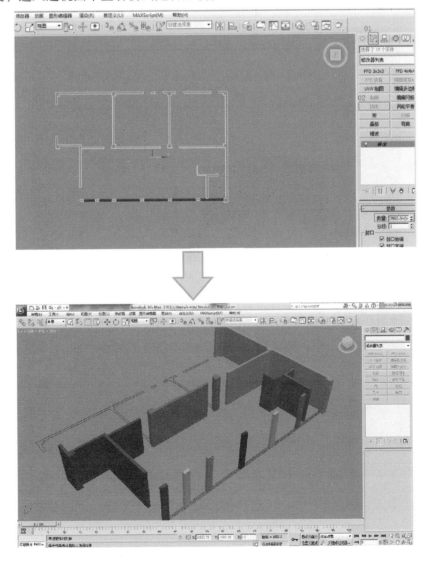

电脑效果图设计与制作
DIANNAOXIAOGUOSHEJIYUZHIZUO

（6）重复上一步骤，画出窗台高度以及窗户顶端高度，并添加挤出命令将画的矩形挤出（顶端高度为200mm，下端高度为1000mm）墙体制作完成。

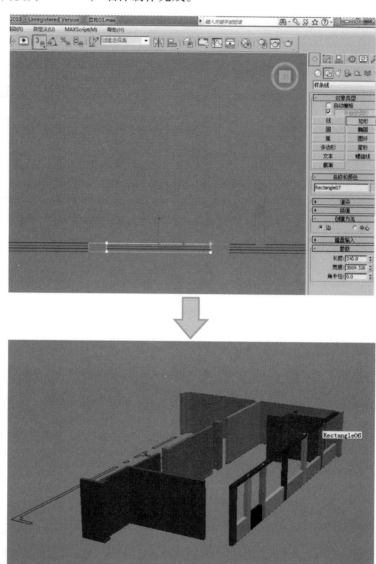

（7）制作叠级天花，开启步骤（01）进入创建面板中的图形（02－03）激活矩形命令（04）创建出一个矩形。

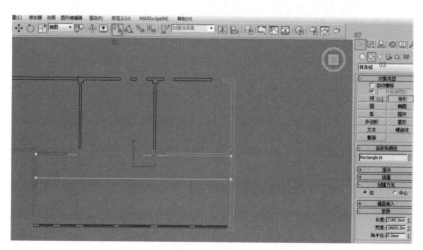

（8）将创建好的矩形在修改命令中（01）选择"挤出"命令（02），将其挤出进入"参数"设置中（03）进行参数设置。

（9）制作天花格栅，首先进入顶视图，开启"捕捉"（01），选择"创建"（02）中的"图形"（03），画一个矩形，然后进入"参数设置"内（05）进行参数设置。

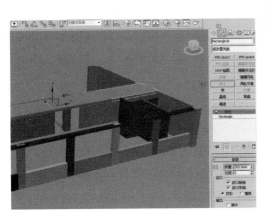
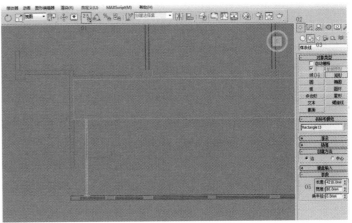

（10）将画好的矩形进入修改（01）面板中选择"挤出"命令（02）进行挤出，然后进入"参数"设置中（03）进行参数设置。

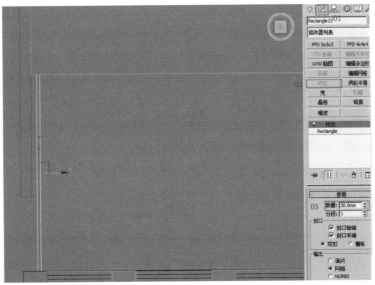

（11）在顶视图中，选择画好的格栅，按住 Shift 键，出现复制对话框，将克隆对象中选择"实例"（01）、"副本数"（02）中设置你需要的数量，最后点击确定（03）结束命令。

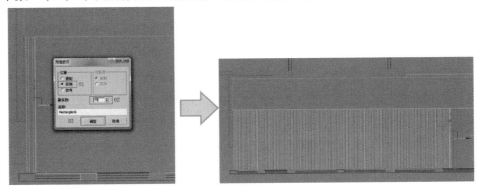

（12）在工具栏（01）中选中"窗口/交叉"，再激活捕捉（02），按 F 键进入前视图，把复制好的格栅利用捕捉命令拉回到天花上。

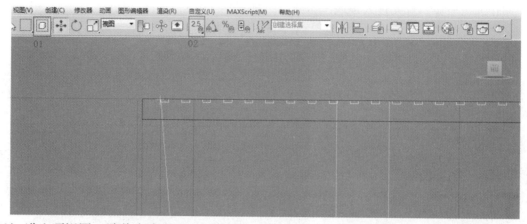

（13）进入顶视图，贴着内墙面画一个矩形，并将它挤出（厚度为 10mm），作为天花的原顶。

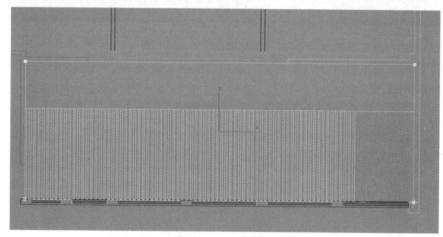

（14）制作窗框和玻璃，按 F 键进入前视图，开启"捕捉"（01）选择创建面板（02）中的"图形"（03），点击"矩形"，在需要画窗框的地方从左往右画一个矩形。

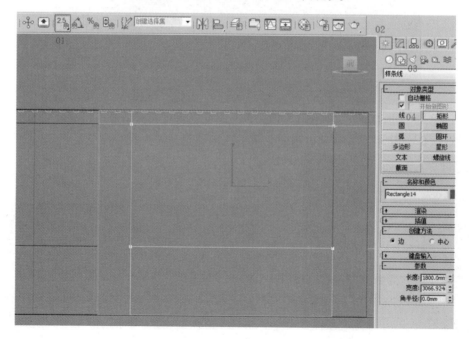

（15）把画好的矩形，在键盘上按 Alt + Q 使其孤立出来，然后进入修改（01）选择"编辑样条线"（02）中的"样条线"（03）选中画好的矩形，再进入几何体中找到"轮廓"（04），设置需要的参数，轮廓出需要的尺寸。

（16）在轮廓好的图形中进入分段，按住 Shift 键，复制出两个线段。

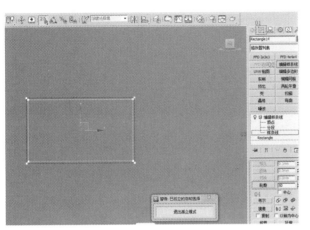
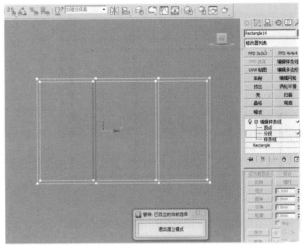

（17）复制完成后再进去"样条线"（01）中，点击"修剪"（02），把图形中交叉的线段修剪掉。

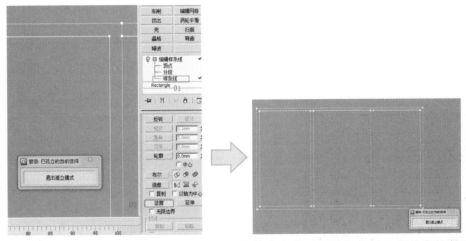

（18）修剪好线段后，再进入顶点（01）中，在几何体中点击"焊接"（02），焊接参数设置为 0.01。

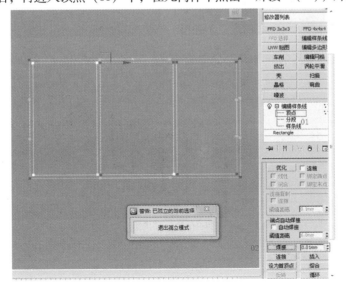

（19）点击"修改"（01），在修改中选择"挤出"（02），进入挤出的参数里，在"数量"（03）中进行挤出的参数设置，按F3实体/线框显示，查看挤出的物体是否正确。

（20）画好窗框后，需在窗框上加上玻璃，开启"捕捉"（01）进入"创建"（02）面板中的"图形"（03），点击"图形"（04）从左至右利用捕捉在窗框内边画一个矩形。

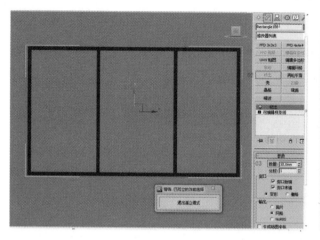
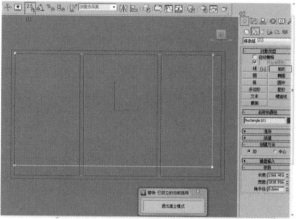

（21）将画好的矩形进行挤出，首先进入"修改"（01）中的"挤出"（02），将物体挤出，然后进入"参数"中的数量（03），设置好需要的参数。

（22）进入顶视图，把画好的窗户进行成组，首先点击"组"（01）点击出组，然后在组名（02）修改成组名字，最后完成，点击"确定"（03）。

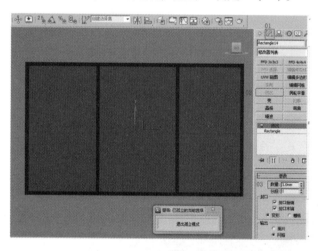
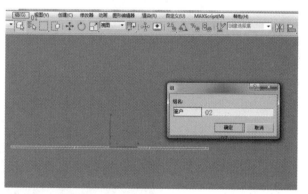

（23）按照同样方法，将其余的窗户也全部画出来。

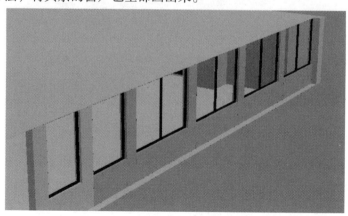

3. 合并家具

（1）点击左上角3D图标（01）中的导入（02），在导入中选择合并（03）。

（2）点击"合并"，出现合并文件，在合并文件里找到所保存物体的具体位置，点击需要导入的模型，选择"打开"。

（3）点击"打开"后，出现一个对话框，首先勾选掉灯光和摄像机（01），再点击"全部"（02），最后选择"确定"（03），模型导入完成。

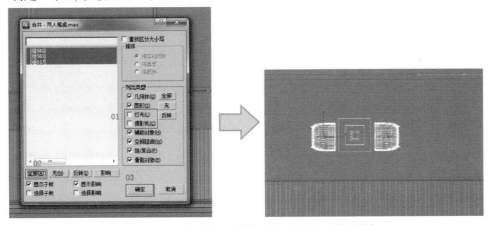

（4）按照上述方法，分别将场景中需要导入的模型依次导入到场景内。

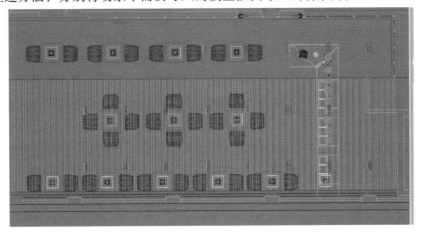

4. 场景中主要材质的调制

（1）木扶手附材质，在键盘上按 M 键，弹出材质编辑器，在材质编辑器中选择一个空白的材质球（01），点击吸管旁边最右边按钮（02）在里面找到 V－Ray 材质，然后对选择好的材质修改名字（03）。进入基本参数设置中找到漫反射（04），点击开后面的按钮，出现"材质/贴图"浏览器，在里面选择"位图"（05），将需要的材质在相对应的文件中找出来。

（2）在基本参数设置中选择"反射"（01），将"反射"调制 25 左右，这里要注意的是值数越大，它的反射越强，反之越弱。接着调整高光光泽度（02），值数越高影响高光光泽越大，反之值越小，影响也越小。最后调节反射光泽度（03）值数越高影响越大，反之值越小，影响也越小。

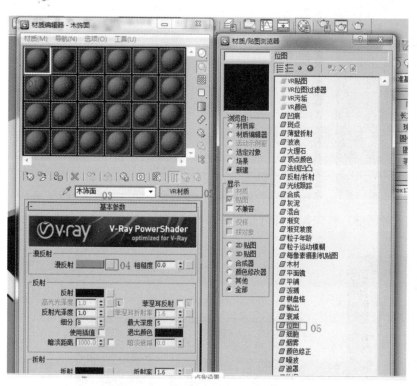

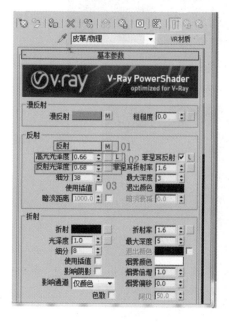

（3）按同样的方法，将椅子坐垫上的皮革也附上材质，"反射"（01）设置值在 125 左右，高光光泽度（02）设置在 0.66，反射光泽度（03）0.68。

（4）窗框材质，按 M 键弹出材质编辑器，点击吸管后的"材质选择器"（01）选择 VR 材质，同时进行修改名字（02），进入基本参数中，点击"漫反射"（03），在颜色选择器（04）调节需要的颜色，完成颜色调节后点击"确定"（05）按钮。

（5）完成上面部分后，还要进入基本参数中调节反射参数，在反射（01）调节需要的反射程度，值数越大反射强度越强，反射值越小，反射的强度也就越小，高光光泽度（02）本身默认为 1，但是这里的数值不能为 1，当这里数值为 1 时，物体高光光泽度不发生变化，数值越大高光光泽度也就越大，反之则越小。再调节反射光泽度（03）这里的数值也是越大反射光泽度就越大，反之则越小，这里的数值也是不能为 1。

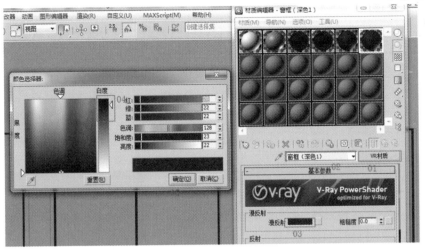

（6）白色乳胶漆的调制，首先按快捷键 M，弹出"材质编辑器"，在材质编辑器中选择一个空白的球，在吸管后方选择 VR 材质（01），再修改好名字（02），进入基本参数中的漫反射（03）点击"颜色选择器"（04），在颜色选择器中选择需要的。

5. 设置摄像机及灯光

（1）设置摄像机。点击"创建"（01），选择创建里的"摄像机"（02），然后选择"标准"（03）、摄像机中的"目标"（04），在参数设置中的备用镜头里选择 35（05）。

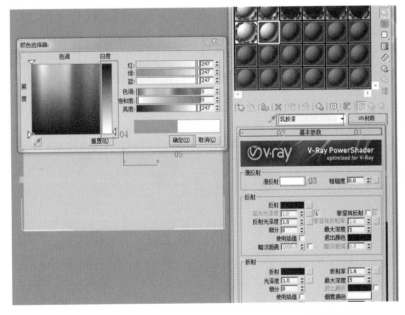

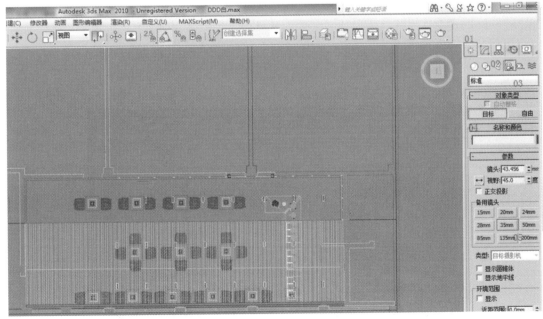

（2）按 F 键进入前视图，在前视图中选择摄像机的中间的线（01），进入最下面点击偏移模式变化输入（02）中的 Y（03）中输入摄像机的高度，然后在顶视图结合前视图调整需要的摄像机位置，这样就完成摄像机设置。

（3）制作筒灯灯光，进入点击"创建面板"（01）选择"灯光"（02），点击灯光下的菜单栏，在菜单栏里选择"光度学"（03）灯光，点击"目标灯光"（04），在前视图从上往下将灯光拉出来，即完成标注灯光的创建。

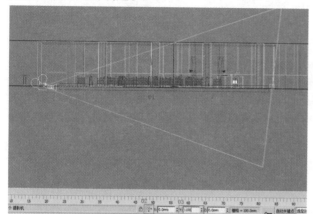
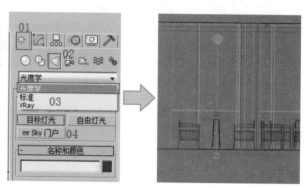

（4）加载光域网，在下拉菜单里找到"分布"（光度学 Web）（01），点击选择"光度学文件"（02）在你的文件中找到"光域网文件"（03）点击"打开"（04）光域网加载完成。

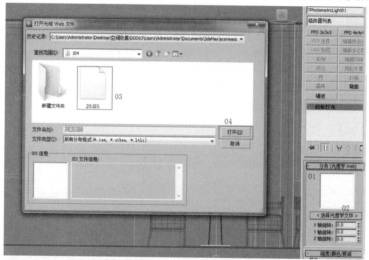

（5）然后将筒灯复制到空间其他需要的位置。

（6）在 F 前视图中选中"筒灯"（01），在修改参数中找到"强度/颜色/衰减"（02）中的"过滤颜色"（03）设置灯光的颜色，在强度（04）中调节灯光的大小。

（7）制作天光（太阳光），进入创建面板中，选择"灯光"（01）在灯光选择中选择 V－Ray，点击 V－Ray 中的 VR 灯光（02）在参数中的类型里选择"球体"（03），在顶视图将球灯拉出来（04）。

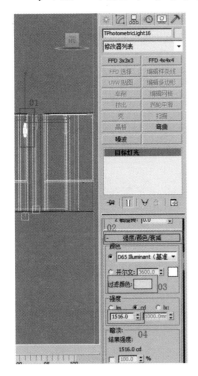

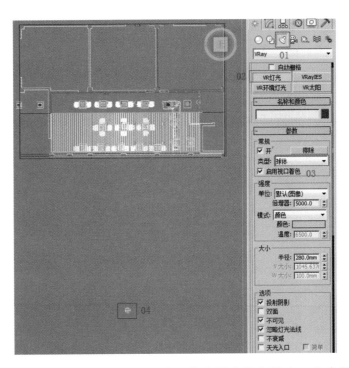

（8）球灯配合四视图调整至适合的位置，选中"球灯"（01）进入修改器中的参数中，在参数中找到"强度"下的"倍增器"（02）这里可以控制灯光的亮度，在"颜色"（03）中调节灯光的颜色，这里我们天光采用天蓝色，在"大小"（04）中半径可以控制球灯的大小，这里完成天光的创建。

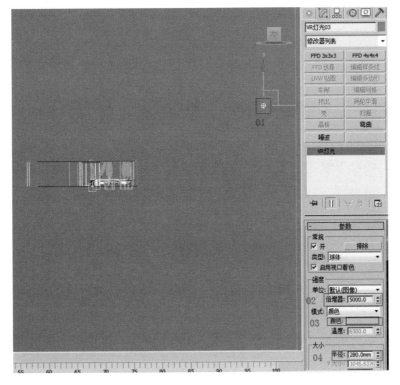

（9）制作平面灯，在创建（01）面板中点击"灯光"（02）然后再下拉栏中选择 V–Ray（03）在 V–Ray 中点击"VR 灯光"（04）点开参数设置，在类型（05）中选择"平面"，在前视图窗口处画一个和窗口大小差不多大的平面灯（06），进入修改器中找到"强度"下的"倍增器"（07）调节灯光的亮度，在"颜色"（08）中调节灯光的颜色，下拉至大小（09）处，调节平面灯的长宽，最后再选项中勾选上"不可见"（10）。

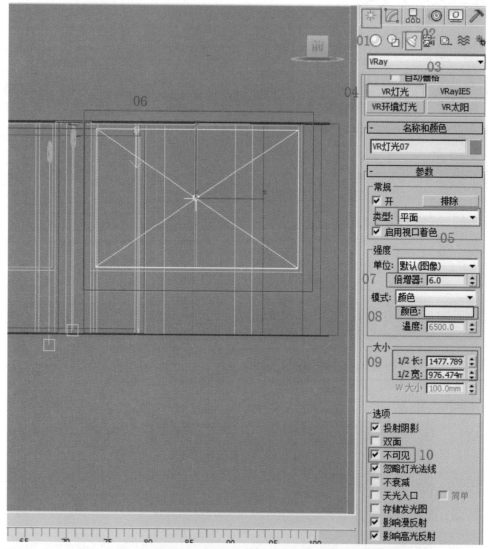

（10）将画好的平面灯，选中按住 Shift 键进行复制到其他窗口，这样平面灯创建完成。

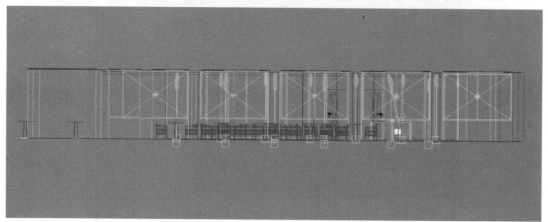

6. 设置 V-Ray 渲染参数渲染出图

（1）小图渲染参数设置。

1）首先指定渲染器，按快捷键 F10，弹出渲染设置，点击"公用"（01）找到指定渲染器（02）点击"产品级"（03）弹出选择渲染器，选择 V-Ray Adv 2.10.01（04），这需要注意的是，如果装的不是 2.10 版本的 V-Ray 渲染器，那么就选择所安装的 V-Ray 版本，点击"确定"（05）完成指定渲染器加载。

2）设置公用参数。点击"公用"（01），在公用参数（02）中设置小图渲染的宽度、高度以及图像纵横比（03），其他设置保持默认。

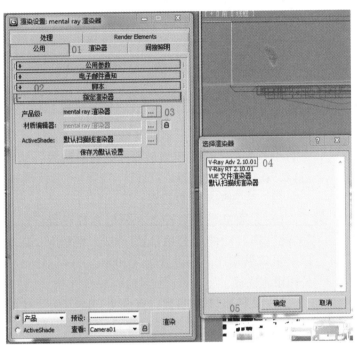

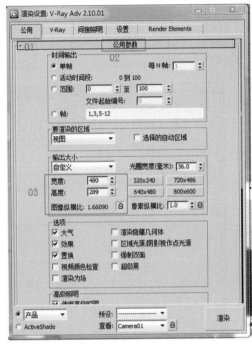

3）设置 V-Ray 参数。点击 V-Ray（01）中的"V-Ray 帧缓冲区"（02）勾选上启用内置"帧缓冲区"（03），点击 V-Ray：自适应细分图像采样器（04）在最小比率和最大比率（05）中调高设置比率（默认比率是-1，2），其他参数保持默认。

4）设置间接照明。点击"间接照明"（01），勾选上"全局照明焦散"（02）在首次反弹中选择"发光图"（03）在二次反弹中选择"灯光缓存"（04），点击"发光图"（05）在当前预设置中选择非常低（06）在选项（07）中勾选上显示计算相位和显示直接光，点击"灯光缓存"（08）在计算参数中将细分（09）设置为 100，勾选上存储直接光和显示计算相位（10），完成间接照明设置。

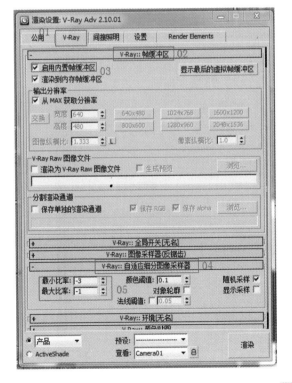

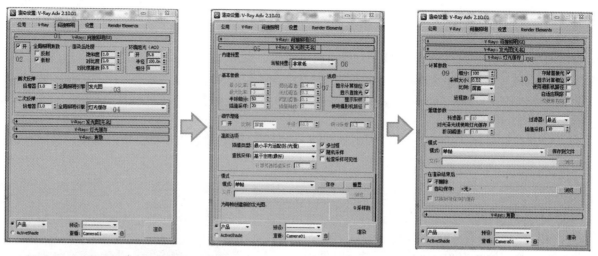

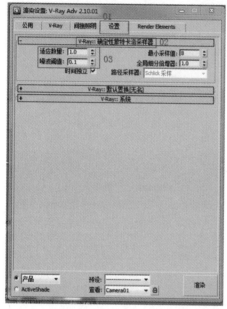

5）设置参数。点击"设置"（01）中"确定性蒙特卡洛采样器"（02）将适应数量设置为1，噪波阈值设置为0.1（03）小图参数设置即完成，然后进行小图渲染，检查模型所做是否符合要求，如果可以，就接着渲染大图。

（2）大图渲染参数设置。

1）大图渲染参数设置。公用参数设置，点击"公用"（01）中的"公用参数"（02）将宽度、高度以及图像纵横比分别设置为（2000、1204、1.66），公用设置完成。

2）设置 V-Ray 参数。点击 V-Ray（01）中的"图像采样器"（02）类型中选择"自适应蒙特卡洛"，抗锯齿过滤器（03）选择 Catmull-Rom 设置完成。

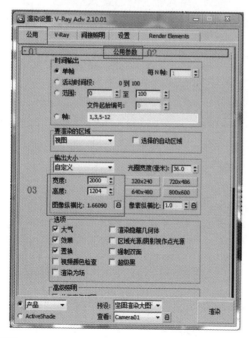

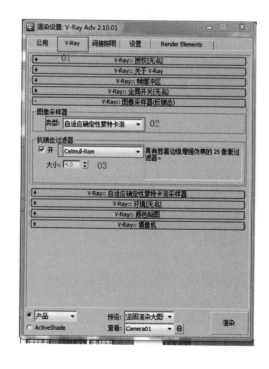

3）设置间接照明。点击"间接照明"（01）中的"发光贴图"（02）在当前预设置中选择"高"（03），点击"灯光缓存"（04）在计算参数中的细分（05）中把值调为1000。

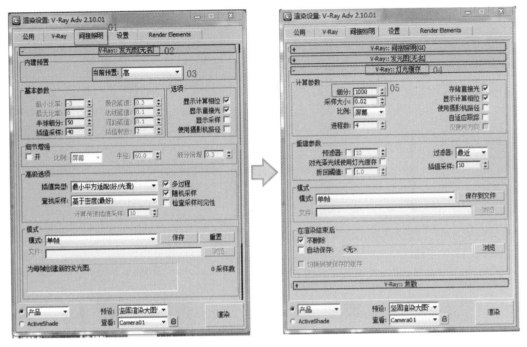

4）设置参数。点击"设置（01）"中"确定性蒙特卡洛采样器"（02）将适应数量调回0.85，噪波阈值设置为0.001（03），设置完成。

7. 保存文件，进行效果图后期处理

（1）效果图渲染好后，进行保存，我们直接可以点击"保存"（01）文件，将文件保存为jpg格式，保存文件夹。

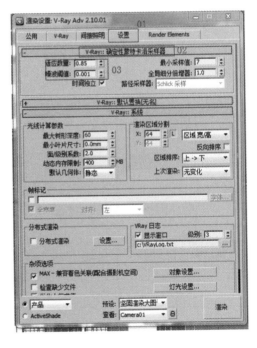

（2）在图层中（01）双击后面带锁的背景，在新建图层中点击"确定"（02）完成将图片解锁。

（3）在图层界面中选中"图层"（01），按快捷键Ctrl+J复制一个图层出来。

（4）调节色彩平衡，按快捷键 Ctrl + B 进行调节色彩平衡（01），点击"确定"（02）。

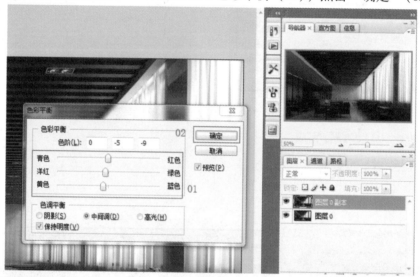

（5）调整图像饱和度，按快捷键 Ctrl + U，弹出调节框，在"编辑"（01）内调整色相饱和度，然后点击确定（02）。

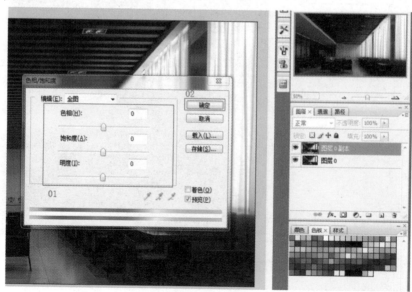

（6）最后调节下曲线，让整个画面看起来更亮些，首先按快捷键 Ctrl + M，进入曲线调节（01），调节至比较理想的状态，点击确定（02）。

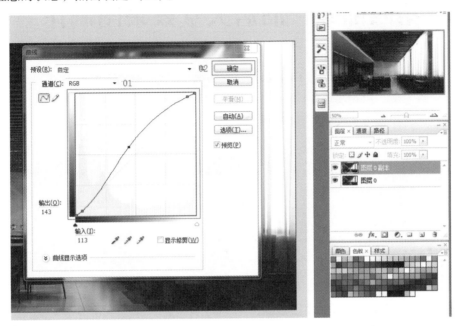

（7）完成调整后，可以将调整好的效果图保存为 jpg 格式到相应的文件夹，这里效果图制作即完成。

第四部分　酒店大堂效果图制作

企业合作人：彭征，广州共生形态工程设计有限公司，董事、设计总监

　　　　　　许宗珩，广州漢臻建设工程有限公司，董事、总设计师、高级室内建筑师

合作公司：广州共生形态工程设计有限公司

一、制作要求及准备

1. 导入精简 CAD 图纸

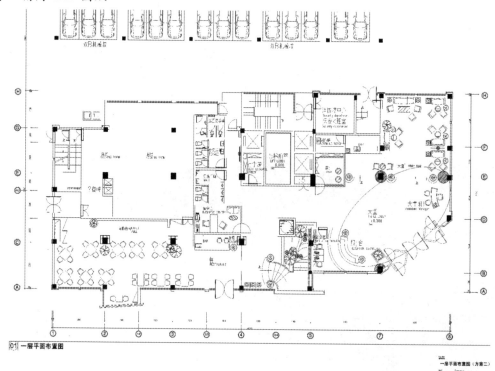

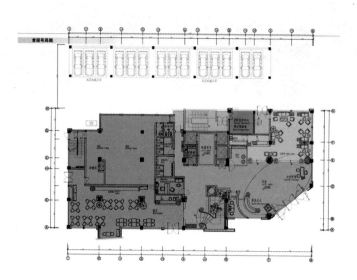

2. 效果图制作

3. 装修前实景图介绍

4. 装修后实景图介绍

5. 制作要点
- 工程平面图的简化与导入整理
- 一层地面，二层天花和墙体建模
- 设置摄影机
- 合并大门、圆柱
- 制作天花整体造型及吊灯
- 制作二楼楼层，栏杆
- 制作窗、方柱及二楼的墙体、门
- 合并大堂家具

电脑效果图设计与制作
DIANNAOXIAOGUOSHEJIYUZHIZUO

- 场景中主要材质的调制
- 设置灯光
- 设置 V – Ray 的最终渲染参数渲染出图
- 效果图的后期处理

二、制 作 流 程

1. 工程平面图的简化与导入整理

要求正确导入 CAD 平面图，整理好图层，把平面图坐标归零、冻结。

（1）在 Auto CAD 软件里精简 CAD 图纸，并保存为"酒店大堂 . dwg"文件。

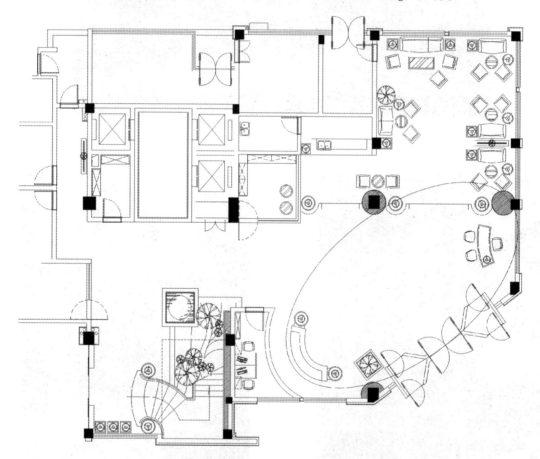

（2）修改单位，把单位设置为毫米，"自定义—单位设置"。

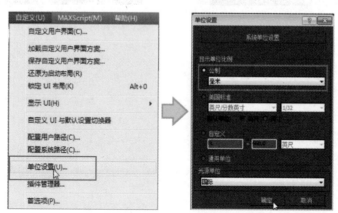

（3）导入"酒店大堂.dwg"文件。导入平面图的目的是起到一个参照的作用，为建立模型时提供方便，更能清楚地了解这个户型的结构。

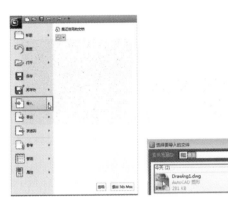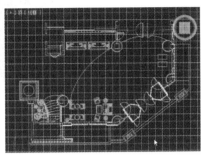

（4）单击菜单栏的"组—成组"命令，在弹出的对话框中单击"确定"按钮。坐标归零，如下图所示。

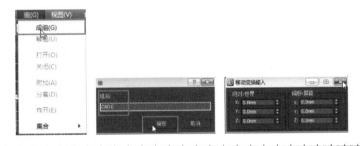

　　★技巧：在使用AutoCAD绘图图纸进行建模时，可先将平面图移动到原点（0，0）的位置，这样便于在3ds Max中控制建模位置，以提高建模速度，成组的目的是为后面选择时更方便。

2. 一层地面、二层天花和墙体建模

（1）建立地板线，使用矩形命令建立地板线，点右键转换为样条线。

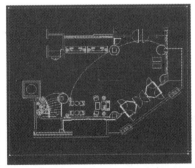

（2）打开顶点模式，按S键将捕捉打开，捕捉模式采用2.5维捕捉，将鼠标指针放在按钮上方，单击鼠标右键，在弹出的"栅格和捕捉"窗口中对"捕捉"及"选项"进行设置，如下图所示。

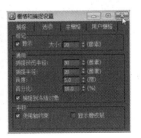

（3）修改地板线，描点，选择了 1 个顶点，把顶点拉向墙角点定位，以同样方法修改另一描点，把矩形角点删除，地板线修改完成，如下图所示。

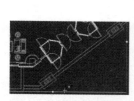

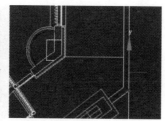

（4）为绘制的地板线型添加一个"挤出"修改命令，将"数量"设置为 -200（即地板的高度为 20cm），如下图所示。

（5）使用复制命令绘制出天花板的造型，设置"数量"为 100（即天花的厚度为 10cm），在前视图中放在地板的上方（中间的距离为 7300），如下图所示。

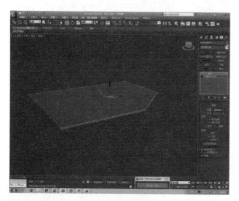

（6）在顶视图中绘制墙体线形，在命名面板中将  取消勾选，这样绘制出的线形是一体的，如下图所示。

★技巧：在绘制线形时，取消勾选 开始新图形 是一种非常好的绘制方法，无论绘制什么样的线形，它们都会附加为一体。

（7）为绘制的线形添加一个"挤出"修改命令，将"数量"设置为 7500（即大堂的高度为 7.5m）。一层地面、天花、墙体建模完成，如下图所示。

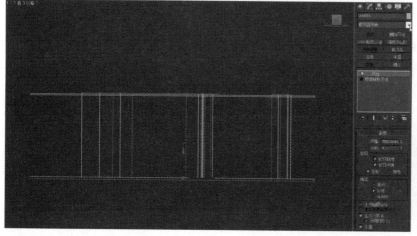

3. 设置摄影机

（1）从视图中创建摄影机，此时在场景中就创建了一架摄影机，如下图所示。

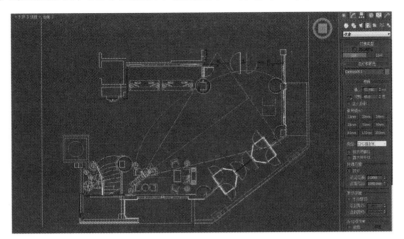

（2）前一步骤效果不好，所以接下来要进行摄像机的位置和角度的调整，打开"渲染设置"窗口，调整输出大小分辨率，以适合效果图尺寸，如下图所示。

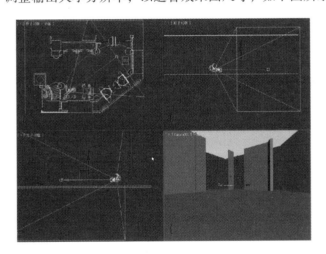

> ★技巧：我们在创建完摄影机以后，通常要对摄影机进行移动、调整，这时最好在工具栏选择过滤器窗框下方选择 C-摄影机 ▼ ，这样在选择摄影机时其他的物体就不会被选中。

（3）视图中选择摄像机，单击鼠标右键，在弹出的菜单中选择"应用摄像机校正修改器"，在"2点透视校正"的"数量"中调整数值，想得到一个适合的角度及空间，可反复调整摄像机位置、镜头等参数。此时，摄影机的设置就完成了，单击 🔄（快速渲染）按钮进行快速渲染，效果如下图所示。

4. 合并大门、圆柱

（1）单击菜单栏中的"文件—导入"命令，将"大堂柱子.max"文件导入，在弹出的"合并"窗口选择"全部"，再按"确定"按钮，把文件合并到场景中，如下图所示。

（2）复制柱子，并按"酒店大堂.dwg"图纸的位置摆放好柱子。

 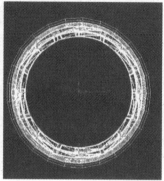 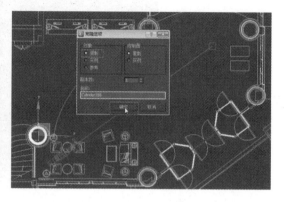

（3）将"大堂大门.max"文件导入，合并到场景中，按"酒店大堂.dwg"图纸摆放好大门的位置，单击 （快速渲染）按钮进行快速渲染，效果如下图所示。

  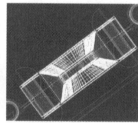 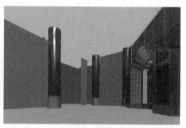

"大堂大门.max"文件　　　　　　"合并"窗口　　　　　　大门的位置　　　　　　渲染的效果

（4）选择一个未使用的材质球，调制一种"大门石材"材质，在"漫反射"中添加一幅名为"石材.jpg"的位图，调整"漫反射"参数，将调制好的"大门石材"材质赋予大门石材部分，效果如下图所示。

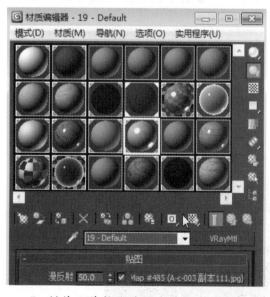 

5. 制作天花整体造型、吊灯和地面地花

（1）在 CAD 软件里整理精简大堂天花图，并保存为"大堂天花.dwg"文件，如下图所示。

（2）导入"大堂天花.dwg"文件。单击菜单栏的"组—成组"命令，在弹出的对话框中单击确定按钮。对齐"酒店大堂.dwg"文件里相应部分。选择新导入的 CAD 图纸，按 Alt＋Q 键，进入孤立模式，单独编辑当前物体。

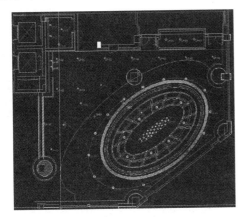

大堂天花 CAD 文件

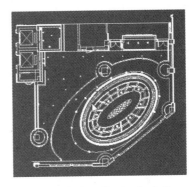

导入"大堂天花.dwg"文件

★技巧：孤立模式在复杂和数量较多的图形中是常用的方法，可以非常方便地单独进行编辑物体。

（3）在顶视图中根据"大堂天花.dwg"图纸绘制天花线，椭圆天花线参数设置如下图所示，在命名面板中将 开始新图形 取消勾选，这样绘制出的线形是一体的，为绘制的线形添加一个"挤出"修改命令，将"数量"设置为700。

（4）复制椭圆形天花线，把天花线作为"倒角剖面"命令中的"截面"，用"线"命令绘制一个封闭线形作为"剖面线"，在顶视图中选择"天花线"（"截面"），在修改器窗口中执行"倒角剖面"修改命令，单击 拾取剖面 按钮，在前视图点击"剖面线"，此时天花效果形成，如下图所示。

绘制天花线

椭圆天花线参数设置

长度：6000.0mm
宽度：9500

天花线作为"倒角剖面"命令中的"截面"

剖面线

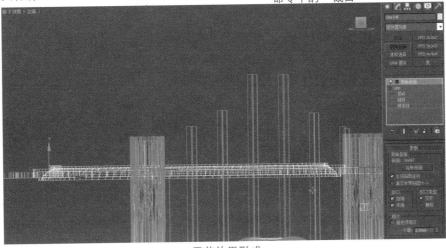

天花效果形成

（5）复制椭圆形天花线，在"挤出"修改命令面板中将"数量"设置调整，形成第二层天花的高度，放到适当位置，在 修改器列表 中执行"编辑样条线—样条线"命令，单击"轮廓"旁的微调器，设置轮廓距离如下图所示。

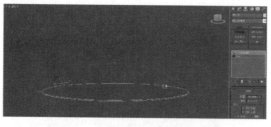
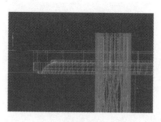

"数量"设置调整　　　　　　　　天花放到适当位置　　　　　　　设置轮廓距离

（6）顶视图中全选天花线，打开线段模式，将"拆分"设置为3，点击"拆分"按钮，把天花线共分为16条线段，打开顶点模式，选择天花线全部顶点，点击"断开"，如下图所示。

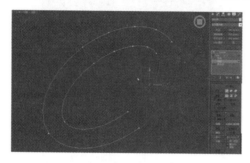
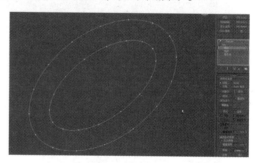

"拆分"设置为3　　　　　　　　　选择天花线全部顶点，点击"断开"

（7）打开顶点模式，选择"连接"，把天花线顶点相连，绘制天花的装饰线，打开样条线模式，选择"分离"，在弹出的窗口按"确定"按钮，天花装饰线效果如下图所示。

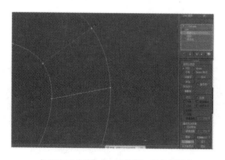

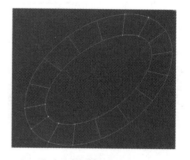

打开顶点模式，选择"连接"　　　　　"分离"窗口　　　　　　　　天花线效果

（8）确认天花装饰线处于被选择状态，在 修改器列表 中执行"倒角"命令，调整倒角参数，生成造型，把天花放置到适合位置如下图所示。

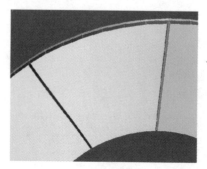
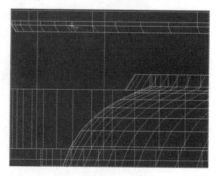

倒角参数　　　　　　　　　　生成的造型　　　　　　　　把天花放置到适合位置

（9）复制外层的天花装饰线造型，坐标轴切换为共用坐标轴，把复制的天花造型缩放到相应位置，调整倒角参数如下图所示。

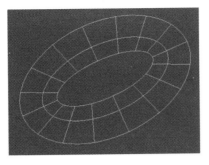

把复制的天花造型缩放到相应位置　　　　　　　　倒角参数

（10）利用"复制"和"缩放"命令制作中央天花线，在"挤出"修改命令面板中将"数量"设置调整天花线的高度，移动天花线到合适位置，如下图所示。

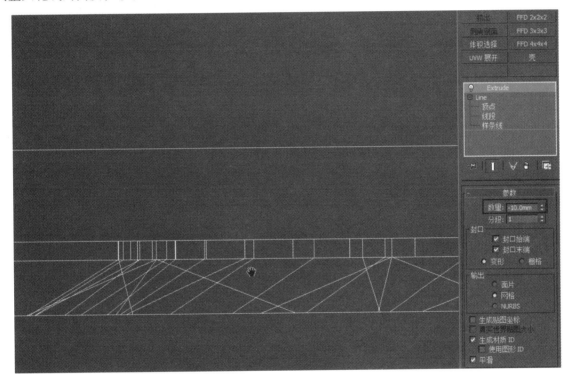

"数量"设置参数，移动天花线到合适位置

（11）把"吊灯.max"文件合并到场景中，移动到合适位置，如下图所示。

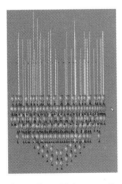

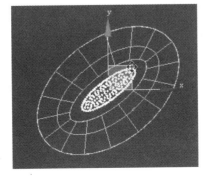

打开的"吊灯.max"　　　　　　　　　　　　合并吊灯后的位置

（12）利用"轮廓"和"复制"命令制作天花线外围的出风口线，设置"轮廓"距离生成的出风口线，在"挤出"修改命令面板中将"数量"设置调整出风口线的高度，设置"轮廓"距离制作出风口细节，此时，天花整体造型完成，如下图所示。

轮廓 -200	出风口线	数量：-20.0mm
"轮廓"距离参数"数量"		设置调整出风口线的高度

轮廓 20   轮廓 40

设置"轮廓"距离制作出风口细节

天花整体造型的效果

（13）按照导入"大堂天花.dwg"图纸的方法把"大堂地花.dwg"文件导入到 3ds Max 中，根据"大堂天花.dwg"图纸移动到适合位置，单击菜单栏的"组—成组"命令，单击"确定"按钮，如下图所示。

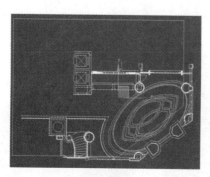

导入到 3ds Max 中的 CAD 文件

将 CAD 图纸成组

（14）复制图纸，把图纸"解组"，打开顶点模式，选择"连接"，整理图纸中的地花线，在"挤出"修改命令面板中将"数量"设置调整，移动地花线到地板线下方，如下图所示。

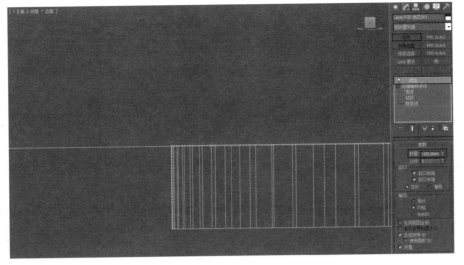

整理好的地花线　　　　　　　　　"数量"设置调整，移动地花线到地板线下方

（15）复制"大堂天花.dwg"图纸，把图纸"解组"，整理图纸中的地花线，在"挤出"修改命令面板中将"数量"设置调整，移动地花线到适合位置，地花线制作完成，如下图所示。

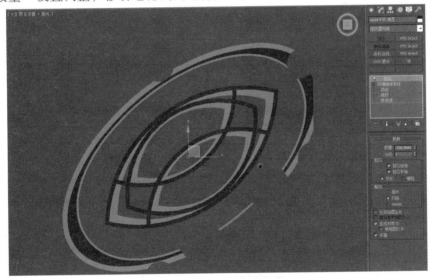

灰色部分为新制作地花线

6. 制作二楼护栏

（1）在顶视图中根据"大堂天花.dwg"图纸绘制二楼楼板的封闭线形，为绘制的线形添加一个"挤出"修改命令，将"数量"设置为100，如下图所示。

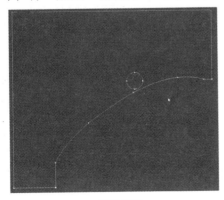

二楼楼板线　　　　　　　　　　"挤出"的参数设置

（2）复制楼板线，删除其余线段提取护栏线作为"倒角剖面"命令中的"截面"，用"线"命令绘制一个封闭线形，作为护栏的"剖面线"，选择"护栏线"（"截面"），在修改器窗口中执行"倒角剖面"修改命令，单击 `指取剖面` 按钮，点击"剖面线"，此时护栏效果如下图所示，移动护栏到楼板适合位置如下图所示。

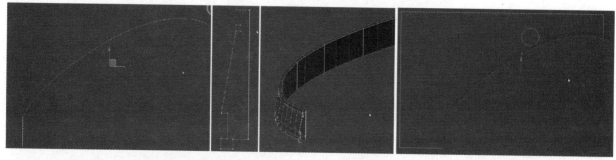

护栏线作为"倒角剖面"命令中的"截面"　　"剖面线"护栏效果形成　　　　　护栏的位置

（3）复制护栏线，执行"编辑样条线—样条线"命令，勾选"中心"方式设置"轮廓"距离制作玻璃护栏，在"挤出"修改命令面板中将"数量"设置调整玻璃护栏高度，移动玻璃护栏到护栏墙上方如下图所示。

设置"轮廓"距离后，玻璃护栏线高度

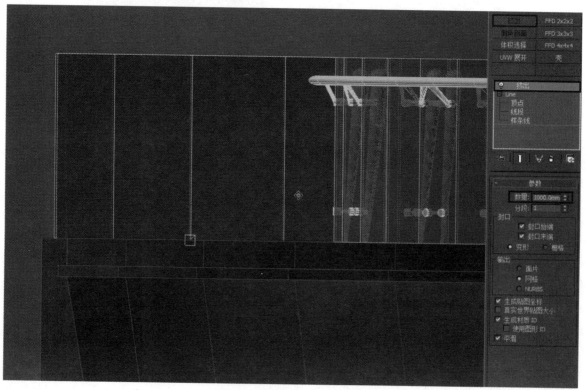

玻璃护栏高度的参数及位置

（4）选择一个未使用的材质球调制"玻璃护栏"材质，把调制好的材质赋予玻璃护栏，效果如下图所示。

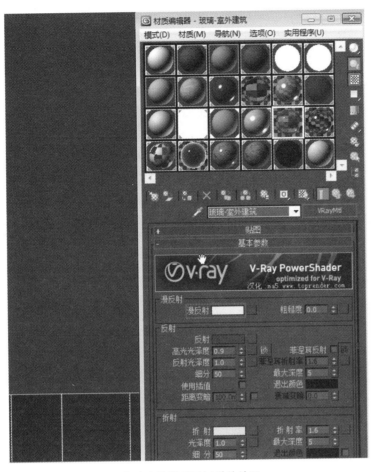

为玻璃护栏赋予材质的效果

（5）复制玻璃护栏线，使用删除多余线段和设置"轮廓"距离命令制作扶手线。在顶视图中用"椭圆"命令绘制扶手的剖面线，选择扶手线作为"倒角剖面"的"截面"，在修改器窗口中执行"倒角剖面"命令，单击　指取剖面　按钮，点击"剖面线"，此时扶手效果形成，修改 y 轴数值为 900，移动扶手如下图所示。

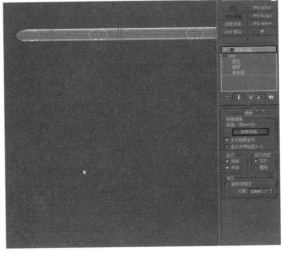

"轮廓"距离参数　　　　　　　"剖面线"参数　　　　　扶手执行"倒角剖面"后的效果和位置

（6）导入"栏杆.max"文件，点击"层次面板—轴—仅影响轴"，移动栏杆坐标轴到栏杆边缘接口位如图所示，点击"工具—间隔工具—拾取路径"，拾取扶手线，设置"间隔工具"参数后，移动栏杆到适合位置如下图所示。

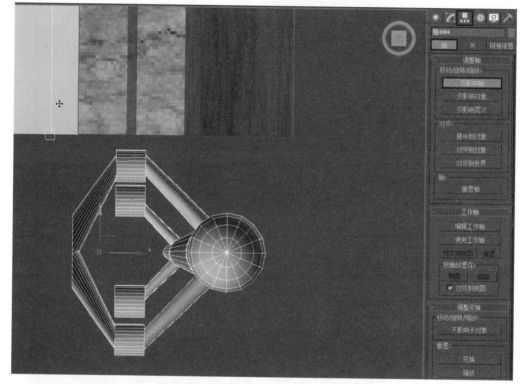

"栏杆.max"文件   层次面板"仅影响轴"命令

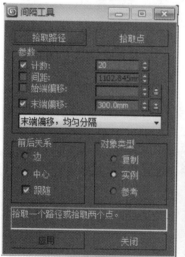

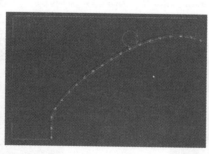

"间隔工具"设置参数后的栏杆效果

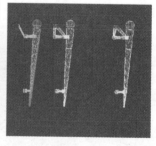

栏杆的位置

（7）复制护栏线，"轮廓"调整为10，"挤出"高度为250，制作护栏出风口。选择一个未使用的材质球调制"护栏出风口"材质，调整"漫反射"参数，把调制好的材质赋予护栏出风口，如下图所示。

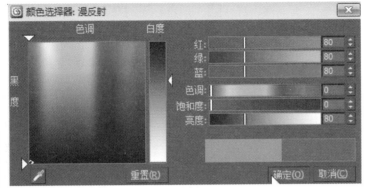

制作护栏出风口　　　　　　　　　调制护栏出风口材质　　　　　　　　为护栏出风口赋予材质的效果

（8）复制护栏线。"轮廓"调整为 20，"挤出"高度为 20，并赋予"天花"材质，复制多条移动到适合位置，制作护栏细节。此时，二楼栏杆造型完成，效果如下图所示。

护栏细节

"挤出"的参数设置　　　　　　　　　　　　　　　　二楼护栏渲染的效果

7. 制作窗、方柱及二楼的墙体、门

（1）单击"几何体—平面"按钮，在前视图创建一个"平面"，形态及参数如下图所示。

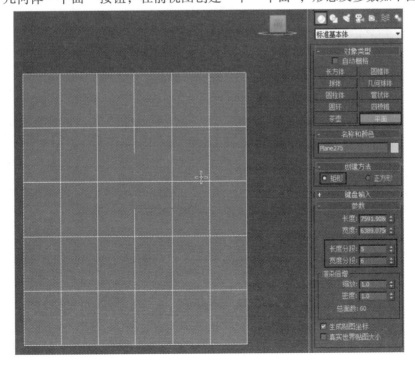

（2）将平面转换为"可编辑多边形"按 1 键，进入 □（顶点）子对象层级，在前视图中选择不同的顶点进行移动。按 4 键，进入 ■（多边形），单击"插入"右面的小按钮，在弹出的窗口中选择"按多边形"，并调整"插入量"，调整后效果如下图所示。

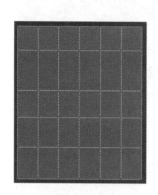

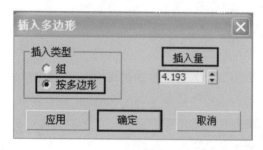

顶点移动后的效果 　　　　　　　　插入多边形的窗口

（3）进入 ■（多边形），将中间的 30 个面进行"挤出"，把挤出的面在"材质 ID"设置为 2，效果如下图所示。

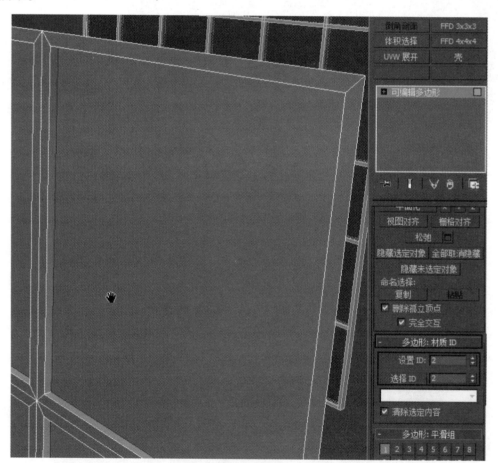

"材质 ID"设置

（4）选择一个未使用的材质球，调制一种"窗架"材质，调整"漫反射"、"反射"及"高光光泽度"、"反射光泽度"参数如下图所示。

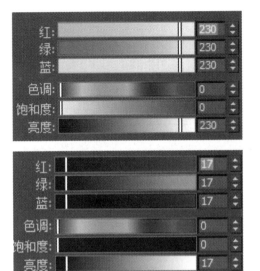

调制窗架材质　　　　　　　　　　　　　　　　"漫反射"参数

（5）选择一个未使用的材质球，调制一种"蓝色玻璃"材质，调整"漫反射"、"反射"及"折射"如下图所示。

（6）选择一个未使用的材质球，单击"Standard"（标准）按钮，在弹出的对话框中选择"多维/子对象"材质，单击"确定"按钮，如下图所示，然后在弹出的对话框中选择"将旧材质保存为子材质"。

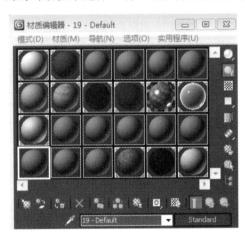

调制蓝色玻璃材质　　　　　　　　　　　　　　选择"多维/子对象"材质

（7）在"多维/子对象基本参数"中"设置数量"为2，在第一个"子材质"中拉入"窗架"材质，在第二个"子材质"中拉入"蓝色玻璃"材质，将调制好的材质赋予窗架，效果如下图所示。

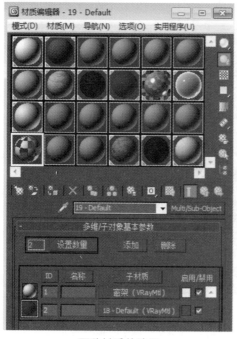

两种材质的效果

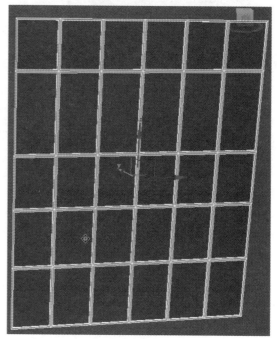

为窗架赋予材质的效果

（8）根据"大堂天花.dwg"绘制方柱线，"挤出"高度为7500mm，并移动到适合位置，如下图所示。

（9）把窗调整大小，移动到柱子之间的适合位置，此时窗和方柱制作完成，效果如下图所示。

（10）根据"大堂天花.dwg"绘制二楼墙线，"挤出"二楼墙体高度为3050mm，如下图所示。

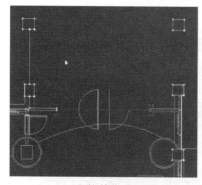

方柱的位置

窗和方柱渲染的效果

"挤出"的参数设置

（11）导入"二楼门.max"文件，合并到场景中并移动到适合位置，如下图所示。

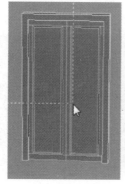

"二楼门.max"文件

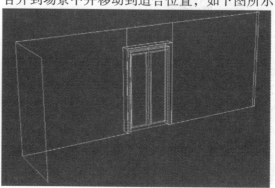

门的位置

（12）选择一个未使用的材质球，调制一种"黑胡桃"材质，在"漫反射"、"凹凸"中添加一幅名为"麦哥利深色.jpg"的位图，在"反射"中添加"衰减"选项，为门添加"UVW贴图"修改器，设置参数，调整纹理，将调制好的"黑胡桃"材质赋予二楼门，此时门制作完成，效果如下图所示。

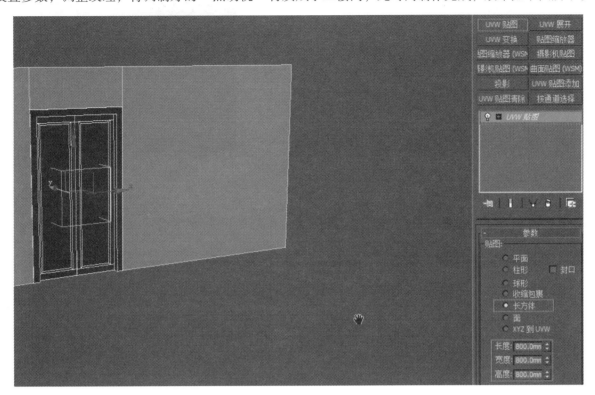

为二楼的门赋予材质的效果

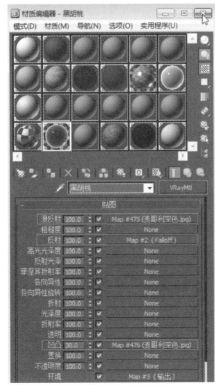

调制黑胡桃材质

8. 合并大堂家具

（1）导入"台阶.max"文件，合并到场景中，将图纸"成组"，并移动到适合位置，如下图所示。

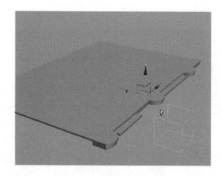

"台阶.max"文件

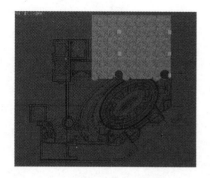

合并后的台阶位置

（2）导入"地毯和装饰物.max"文件，合并到场景中，复制并移动到适合位置，如下图所示。

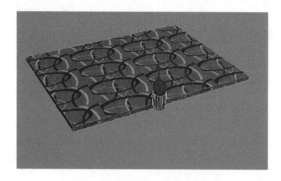

"地毯和装饰物.max"文件

地毯和装饰物的位置

（3）选择一个未使用的材质球，调制一种"地毯"材质，在"漫反射"中添加"地毯.jpg"的位图，将调制好的"地毯"材质赋予地毯，此时地毯和装饰物制作完成，效果如下图所示。

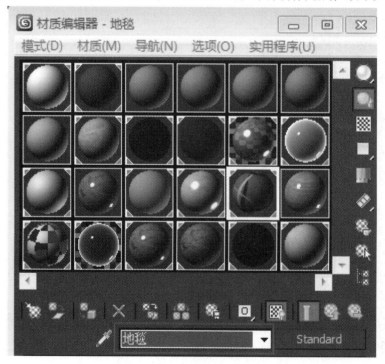

调制地毯材质

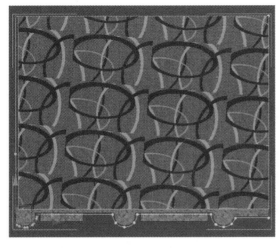

为地毯赋予材质的效果

地毯和装饰物渲染的效果

（4）导入"大堂家具.max"文件，合并到场景中，并移动到适合位置如下图所示。

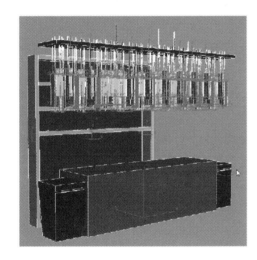

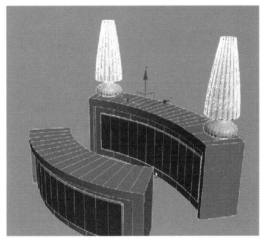

"大堂家具.max"文件

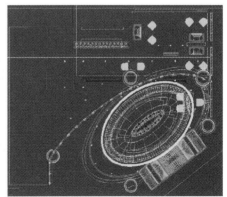

大堂家具的位置

（5）选择一个未使用的材质球，调制一种"绒布"材质，调整"漫反射"参数，将调制好的"绒布"材质赋予窗帘，此时大堂家具制作完成，效果如下图所示。

调制绒布材质

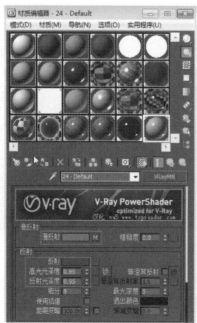

大堂家具渲染的效果

9. 材质的调制

关于材质的调制，我们这里只讲述场景中框架的材质，合并物体的材质就不再赘述，其他材质的调制在前几章中已详细讲述。

★技巧：因为后面我们使用了V‑Ray进行渲染，所以在调材质时，就应该将V‑Ray指定为当前渲染器，否则将不能在正常情况下设置使用V‑Ray的专用材质

（1）一楼地板。

1）按下M键，快速打开"材质编辑器"窗口，选择一个未使用的材质球，调制一种"地板"材质，在"漫反射"中添加"新石材.jpg"的位图，其他参数的设置如下图所示。

调制地板材质

2）在视图中选择地面，将调制好的材质赋予地面，为地面添加一个"UVW 贴图"修改器，勾选"长方体"选项，设置"长度"为 1500，"宽度"为 1500，如下图所示。

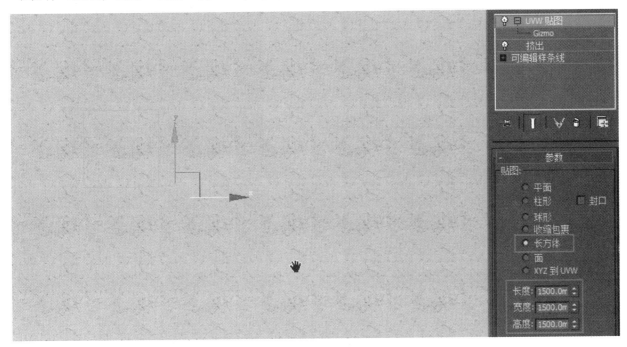

"UVW 贴图"修改器参数

（2）中央天花。选择 1 个材质球，调制一种"黑镜"材质，设置参数如图所示，将调制好的"黑镜"材质赋予中央天花，如下图所示。

调制黑镜材质

为中央天花赋予黑镜玻璃材质

（3）地花。

1）选择一个未使用的材质球，调制一种"黑金沙"材质，在"漫反射"中添加"黑金沙.jpg"

的位图，调整"反射"颜色"高光光泽度"、"反射光泽度"参数，如下图所示。

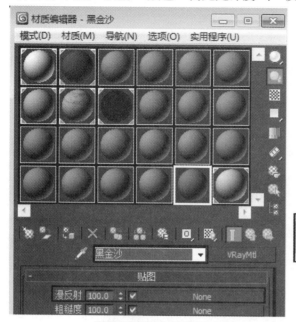

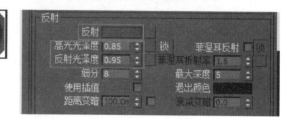

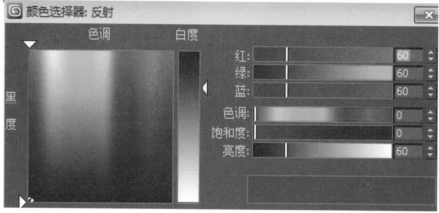

调制黑金沙材质

2）将调制好的"黑金沙"材质赋予地花，为地花添加"UVW 贴图"修改器，设置参数，调整地花的纹理，如下图所示。

为地花赋予黑金沙材质

3）选择一个未使用的材质球，调制一种"石材"材质，在"漫反射"中添加"石材.jpg"的位图，调整"反射"颜色、"高光光泽度"、"反射光泽度"参数，如下图所示。

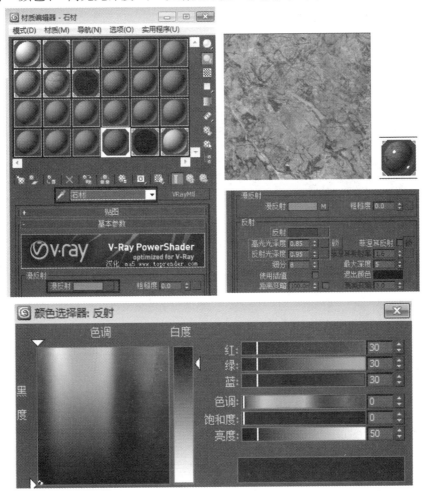

调制石材材质

4）将调制好的"石材"材质赋予地花，为地花添加"UVW 贴图"修改器，设置参数，调整地花的纹理，如下图所示。

为地花（浅灰色部分）赋予石材材质

（4）二楼墙体和护栏。

1）选择一个未使用的材质球，调制一种"米黄石材"材质，在"贴图"中添加"米黄石材.jpg"的位图，调整"材质编辑器"、"角度"参数，调整"反射"颜色、"高光光泽度"、"反射光泽度"参数，如下图所示。

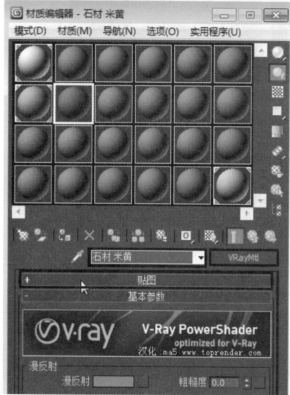

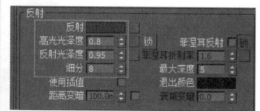

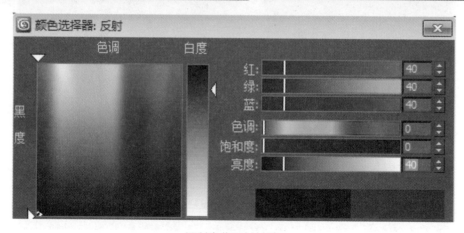

调制米黄石材材质

2）将调制好的"米黄石材"材质赋予二楼墙体和护栏，添加"UVW贴图"修改器，设置参数，调整材质纹理，如下图所示。

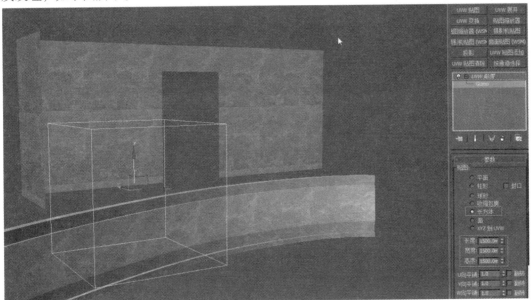

为二楼墙体和护栏赋予米黄石材材质

3）选择一个未使用的材质球，调制一种"玻璃"材质，设置参数，将调制好的"玻璃"材质赋予二楼护栏玻璃，如下图所示。

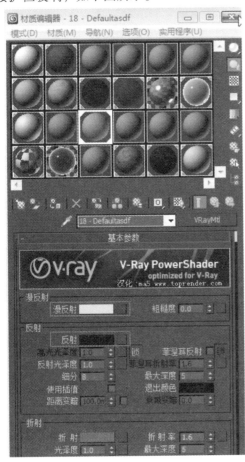

为二楼护栏玻璃赋予玻璃材质

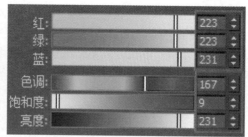

设置参数

（5）圆柱底座、方柱、一楼墙体及台阶。

1）选择一个未使用的材质球，调制一种"灰石"材质，在"贴图"中添加"灰石.jpg"的位图，将调制好的"灰石"材质赋予圆柱底座、方柱、一楼墙体及台阶，添加"UVW贴图"修改器，设置参数，调整材质纹理，效果如下图所示。

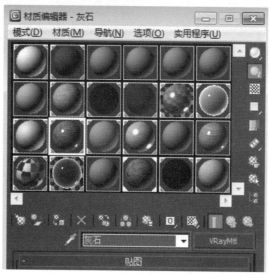

调制灰石材质

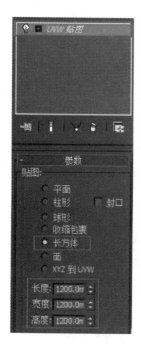
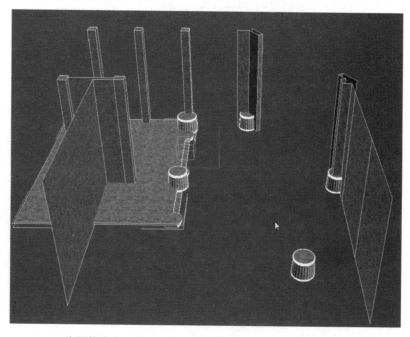

为圆柱底座、方柱、一楼部分墙体及台阶赋予灰石材质

2）选择一个未使用的材质球，调制一种"墙面"材质，在"反射"中添加"衰减"选项，将调制好的材质赋予一楼吧台旁边的墙体，效果如下图所示。

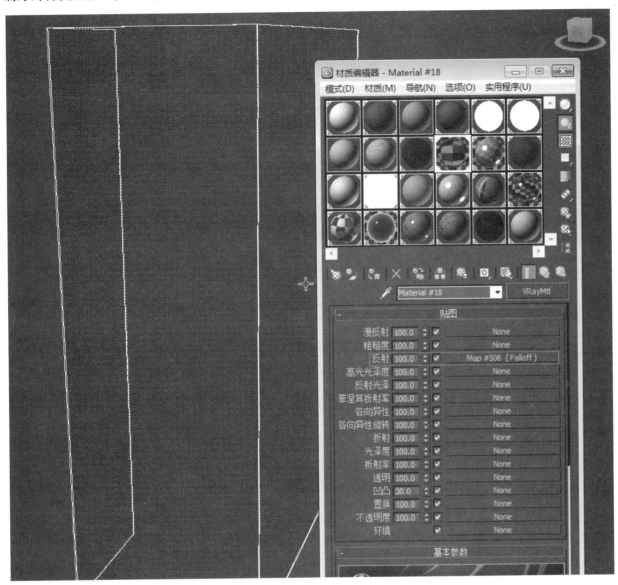

为墙体赋予墙面材质

10. 灯光的设置

我们分两部分来设置灯光，它们分别是室外的日光效果和室内的灯光照明。下面我们先来创建天空光。

（1）导入"筒灯.max"文件并合并到场景中，选择一个未使用的材质球，调制一种"不锈钢"材质，在"反射"中添加"衰减"选项，将调制好的"不锈钢"材质赋予筒灯的外壳如下图所示。

"筒灯.max"文件

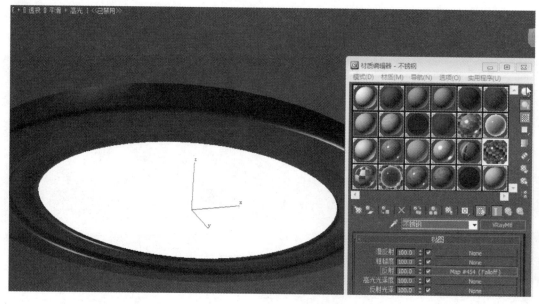

调制不锈钢材质

（2）根据"大堂天花.dwg"图纸，使用"实例"复制多盏筒灯，并移动到适合位置，筒灯制作完成，效果如下图所示。

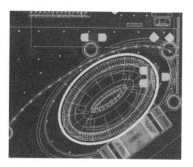

筒灯的位置　　　　　　　　　　　　　　　　筒灯渲染的效果

（3）复制天花线。在天花线中绘制圆形，复制并移动到适合位置。使用"修剪"、"焊接"命令修整天花线，"挤出"高度为200，把原来的天花线高度调整为500，移动到修整的天花线上，如下图所示。

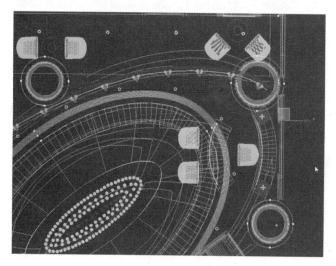

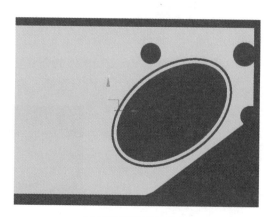

圆形的位置　　　　　　　　　　　　　　　天花线修整后的效果

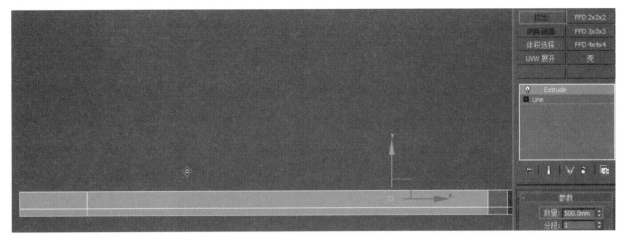

天花线的位置

（4）复制椭圆天花线。调整"轮廓"为 50，"挤出"高度为 30，制作天花藏灯，选择一个未使用的材质球，将材质命名为"藏光"，将当前的"标准"材质替换为"VR -发光材质"，调整"颜色"参数如下图所示，将调制好的材质赋予藏灯，缩放并移动到如下图所示的位置。

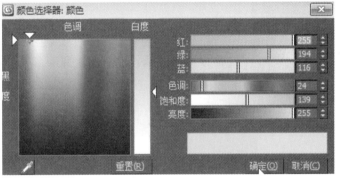

调制藏光材质

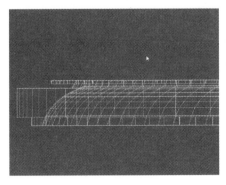

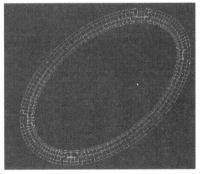

藏灯的位置

（5）复制并调整天花线。设置"轮廓"为 50，"挤出"高度为 30。选择一个未使用的材质球，复制"藏光"材质，命名为"藏光 2"，调整"颜色"参数为 4，并将材质赋予调整后的天花线，如下图所示。

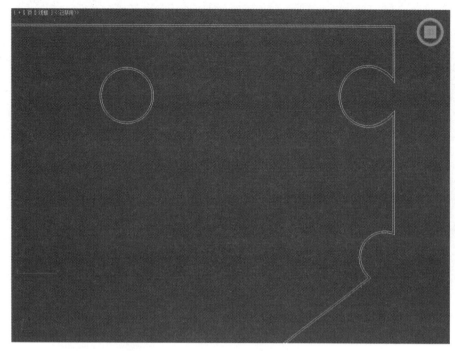

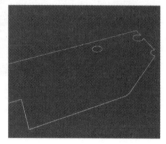

天花线调整后的效果

为天花线赋予材质的效果

制作护栏楼层藏灯

（6）复制2楼护栏线删除多余线段剩下圆形，设置"轮廓"为50，"挤出"高度为30，将"藏光2"材质赋予调整后的圆形，制作护栏楼层藏灯，如下图所示。

（7）设置V-Ray的渲染参数，按F10键，在打开的"渲染设置"窗口中，选择"VR-间接照明"选项卡，首先打开全局光，设置一下其他参数，再选择"VR-基项"选项卡，设置"全局开关"、"图像采样"、"环境"参数，添加"VR-天空"材质并调整参数，如下图所示。

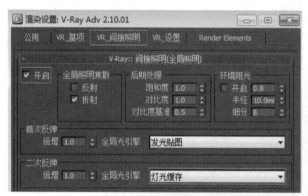

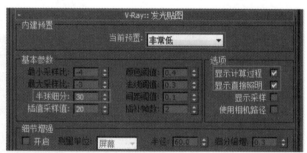

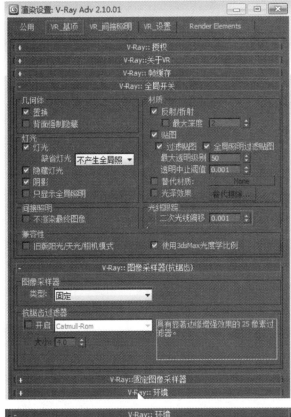

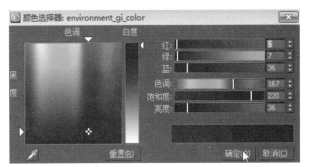

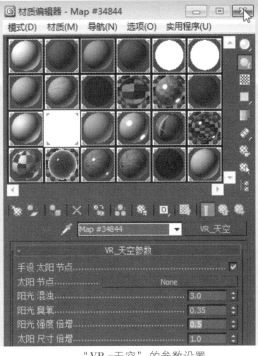

设置"V－Ray"的渲染参数

"VR－天空"的参数设置

（8）设置完成参数后单击"公用"选项卡，将图的尺寸设置为 800×560，单击▢进行快速渲染，此时效果如下图所示。

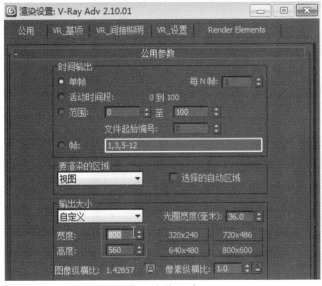

设置渲染尺寸

渲染的效果

（9）设置室内的灯光照明。单击 ◀（灯光）/"光度学"/ 目标灯光 按钮，在顶视图中创建一盏"目标点光源"，在"常规参数"中勾选"阴影"，选择"VRayShadow"（V－Ray 阴影），为灯光选择"光度学 Web"选项，选择"LIGHT000.ies"文件，如图所示。将灯光的"过滤颜色"修改，把"高级效果"/"高光反射"勾选去掉，设置"强度"为8000，复制三盏灯光，位置如下图所示。

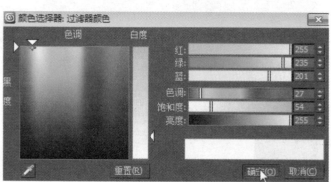

"过滤颜色"的参数设置

选择"光度学 Web"

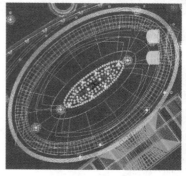

目标灯光的位置

（10）复制一盏"目标点光源"，修改光度学文件为"5.ies"文件，修改"强度"为2000，在顶视图中以"实例"方式复制多盏，如下图所示。复制4盏灯光，修改"强度"为5000，移动到如下图所示的位置，目标灯光渲染效果如下图所示。

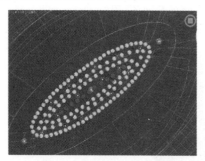

复制后的位置

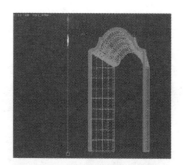

4盏灯光复制后的位置

目标灯光渲染的效果

（11）复制光度学文件为"LIGHT000.ies"的"目标点光源"，修改"强度"为8000，移动到如下图所示位置。

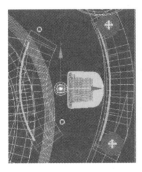
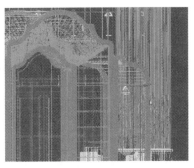

"目标点光源"的位置

（12）单击 ◤（灯光）／"光度学"／"自由灯光"按钮，为灯光选择"统一球形"选项，设置"强度"为500，修改"过滤颜色"，如下图所示，在顶视图中创建灯光，复制另一盏分别移动到台灯的位置，如下图所示。

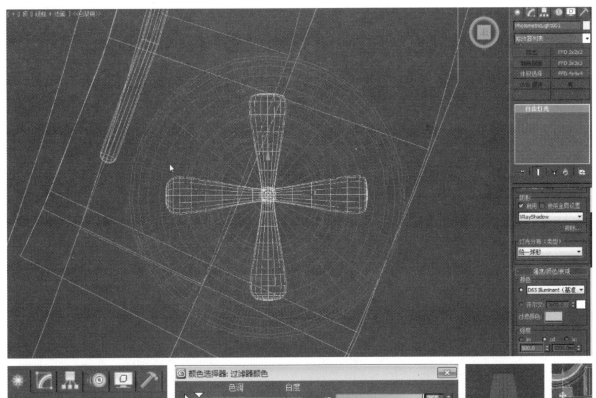

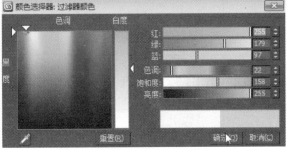
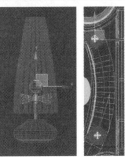

自由灯光的参数及位置

（13）在顶视图中复制3个灯光移动到3个大堂装饰物位置，调整"强度"和"过滤颜色"，如下图所示。

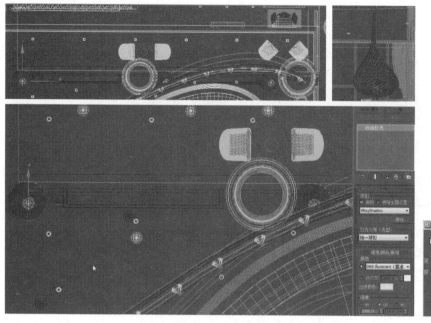

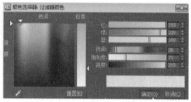

灯光的参数及位置

（14）在顶视图中复制 3 个光度学文件为"LIGHT000.ies"的"目标点光源"移动到吧台位置，调整"强度"和"过滤颜色"，如下图所示。

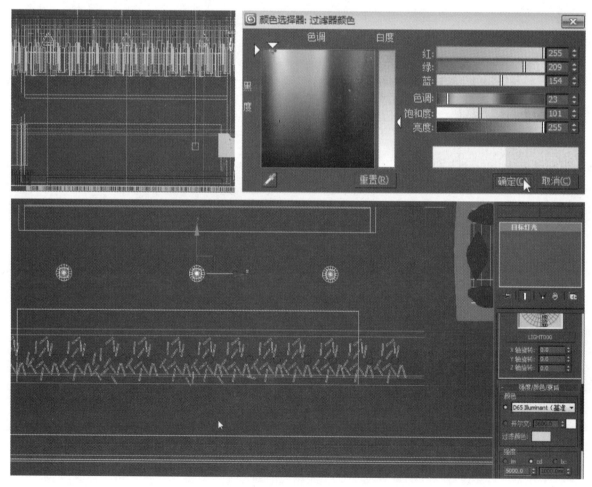

目标灯光的参数及位置

（15）在顶视图中复制 12 个光度学文件为"5.ies"的"目标点光源"移动到吧台位置，修改"强度"为 6000。复制 3 个吧台圆灯移动到天花适合位置，调整"过滤颜色"，渲染效果如下图所示。

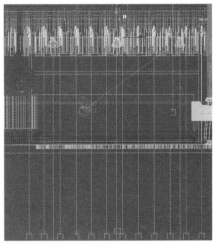

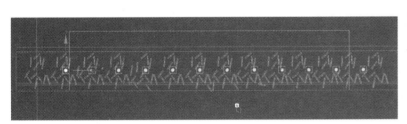

吧台小灯的位置

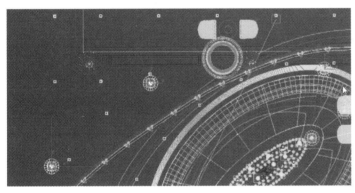

圆灯在天花的位置

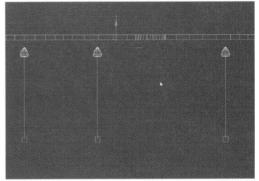

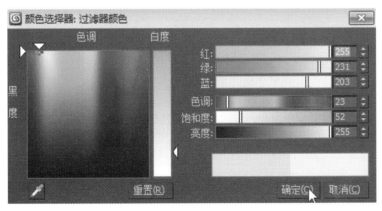

"过滤颜色"的参数

灯光渲染的效果

通过上面的渲染效果我们看出不理想之处，主要是大堂的灯光不够明亮，下面我们来进行调整。

（16）增加多盏天花圆灯移动到如下图所示位置，调整灯 1 "强度"为 10000，灯 2 "强度"为 15000，灯 3 "强度"为 5000，"过滤颜色"如下图所示，灯 4 "强度"为 12000，"过滤颜色"如下图所示，灯 5 "强度"为 9000，灯 6 "强度"为 15000，"过滤颜色"如下图所示，灯 7 "强度"为 6000。

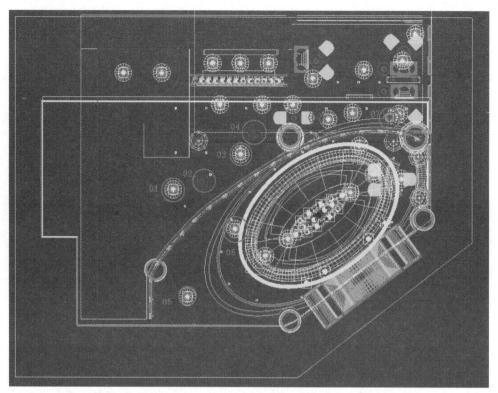

圆灯的位置

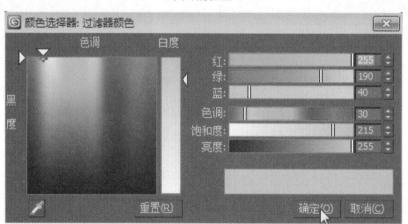

灯 4 过滤颜色的参数设置

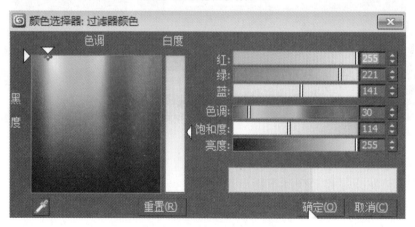

灯 3 过滤颜色的参数设置

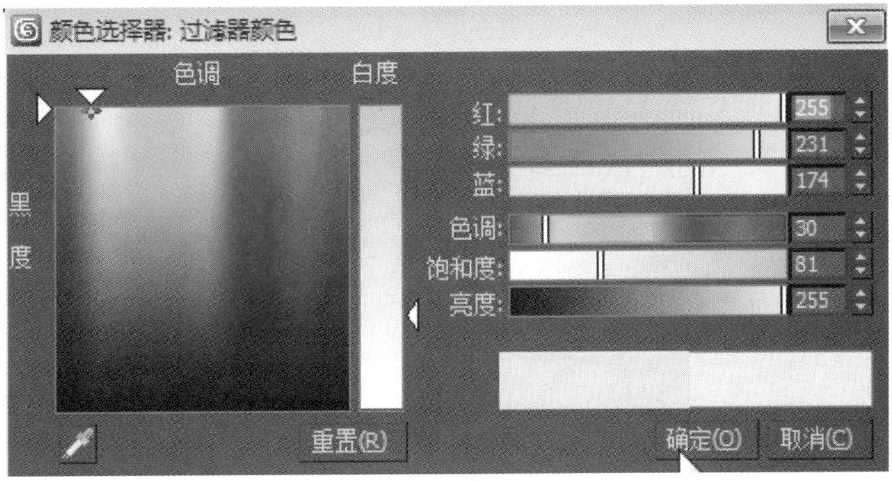

灯 6 过滤颜色的参数设置

（17）继续对灯光进行调整，如下图所示。

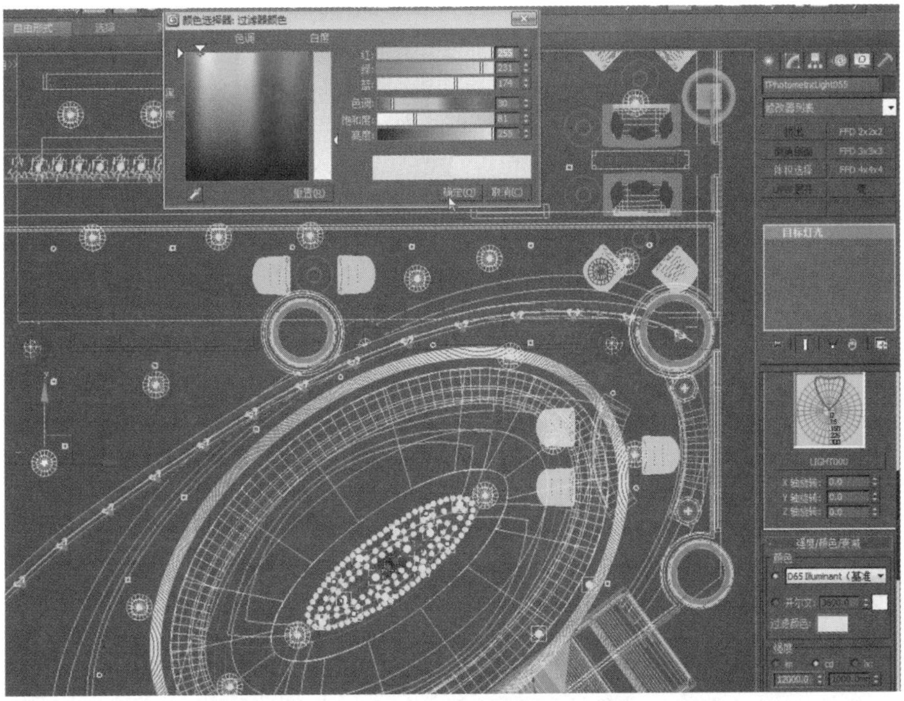

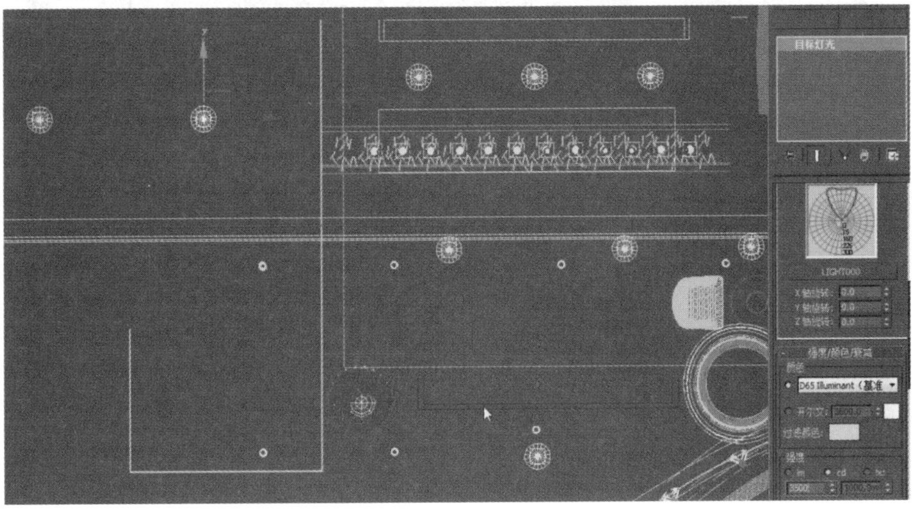

（18）复制灯光移动到如图所示位置，修改光度学文件为"28.ies"文件，调整"强度"为15000，调整"过滤颜色"如下图所示。

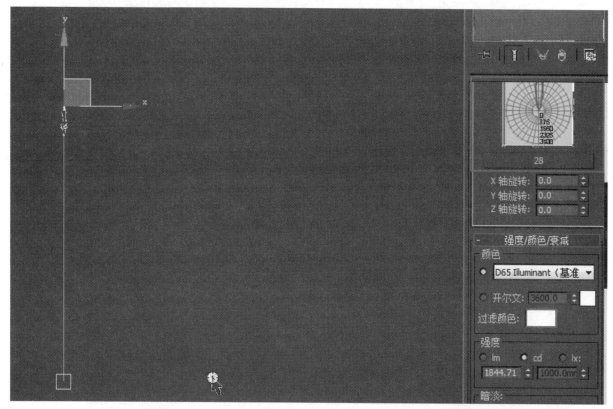

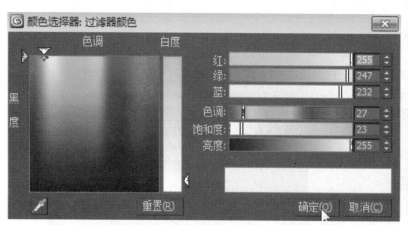

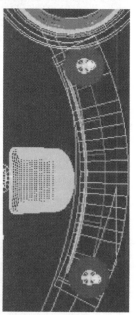

灯光的参数及位置

11．设置 V－Ray 的最终渲染参数

当场景中摄影机和灯光设置完成后，就需要将前面设置的测试参数进行调整，设置一个渲染输出参数，这时需要把灯光和渲染参数提高，以得到更好的渲染效果。

（1）按 F10 键，在打开的"渲染设置"窗口中调整"DMC 采样"、"发光贴图"、"灯光缓存"、"全局开关"、"图像采样"的参数，如下图所示。

渲染设置: V-Ray Adv 2.10.01

公用　VR_基项　VR_间接照明　VR_设置　Render Elements

V-Ray:: DMC采样器

自适应数量: 0.85　　　　最少采样: 16
噪波阈值: 0.01　　　　全局细分倍增器: 1.0
独立时间 ☑　采样器路径: Schlick 采样

V-Ray:: 发光贴图

内建预置
当前预置: 高

基本参数
最小采样比: -3　　颜色阈值: 0.3
最大采样比: 0　　法线阈值: 0.1
半球细分: 80　　间距阈值: 0.1
插值采样值: 30　　插补帧数: 2

选项
显示计算过程 ☑
显示直接照明 ☑
显示采样 ☐
使用相机路径 ☐

V-Ray:: 灯光缓存

计算参数
细分: 1500
采样大小: 0.02
测量单位: 屏幕
进程数量: 8

保存直接光 ☑
显示计算状态 ☑
使用相机路径 ☐
自适应跟踪 ☐
仅使用优化方向 ☐

V-Ray:: 全局开关

几何体
☑ 置换
☐ 背面强制隐藏

灯光
☑ 灯光
缺省灯光 不产生全局照
☑ 隐藏灯光
☑ 阴影
☐ 只显示全局照明

间接照明
☐ 不渲染最终图像

兼容性
☐ 旧版阳光/天光/相机模式

材质
☑ 反射/折射
☐ 最大深度 2
☑ 贴图
☑ 过滤贴图 ☑ 全局照明过滤贴图
最大透明级别 50
透明中止阈值 0.001
☐ 替代材质: None
☑ 光泽效果　替代排除...

光线跟踪
二次光线偏移 0.001

☑ 使用3dsMax光度学比例

V-Ray:: 图像采样器(抗锯齿)

图像采样器
类型: 自适应DMC

抗锯齿过滤器
☑ 开启 Catmull-Rom
大小: 4.0

具有显著边缘增强效果的 25 像素过滤器。

调整渲染参数

（2）设置完成参数后单击"公用"选项卡，就可以渲染一张大尺寸的图了，可将图的尺寸设置为900×630，单击渲染按钮，经过一个小时左右的渲染时间，最终的渲染效果如下图所示。

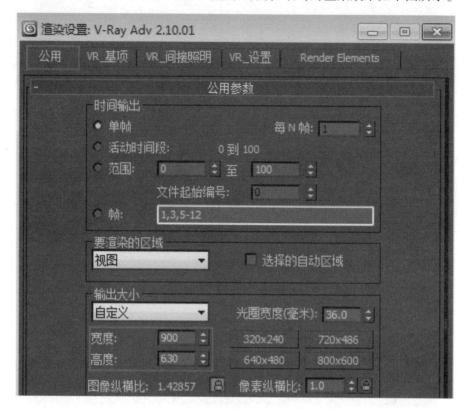

设置渲染尺寸

12. 渲染的图片进入 photoshop 进行后期效果调整

效果图渲染出来后首先要从画面的进行调整，一般渲染出来后的图像都有画面比较灰暗、颜色平淡、层次感不强等问题，本节将学习解决这些问题的方法。

（1）渲染的成品图打开，并把线框颜色渲染图也放置到图层里，并复制一层作为调整层。

（2）选择地板范围，并使用"Ctrl + L"、"Ctrl + U"、"Ctrl + B"进行调整，如下图所示。

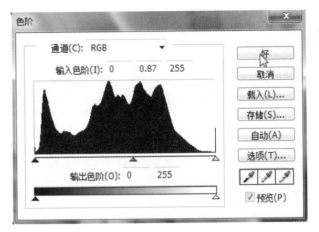

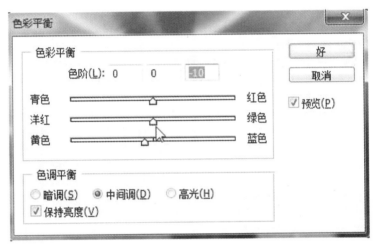

（3）选择大门玻璃处，使用下图所示的功能分别进行调整。

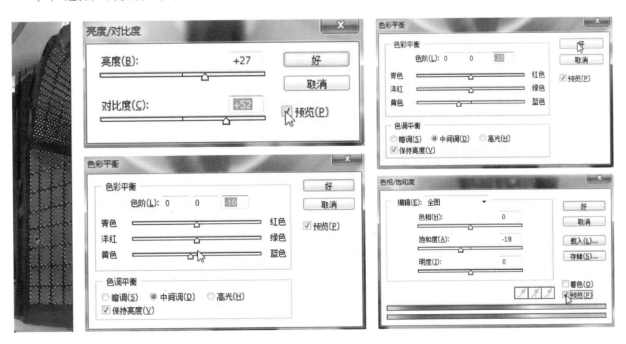

（4）选择二楼平台区域，使用下图所示功能进行调整。

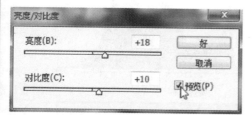

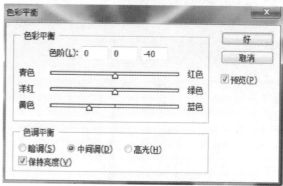

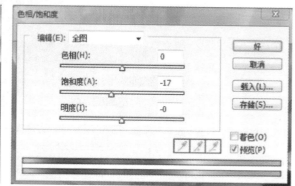

（5）选择天花吊灯部分，使用下图所示功能逐一进行调整。

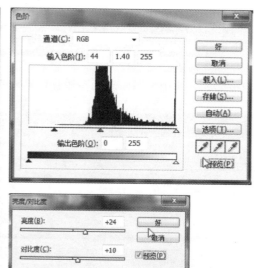

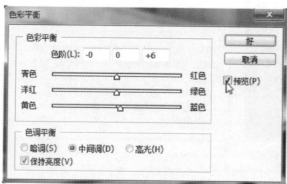

（6）选择天花外围部分，并使用下图所示功能逐一进行调整。

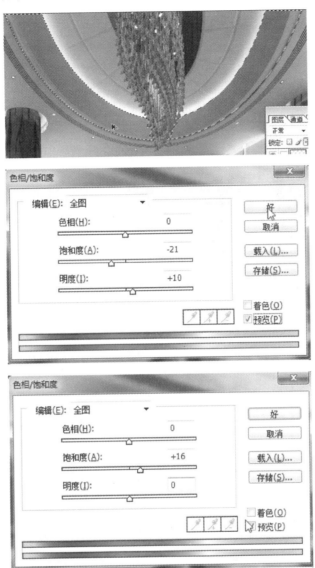

（7）选择天花藏灯部分，并使用下图所示功能逐一进行调整。

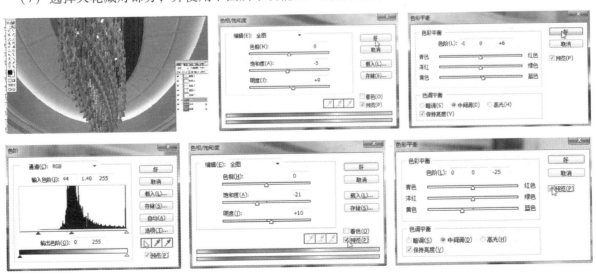

（8）选择窗户部分，并使用下图所示功能逐一进行调整。

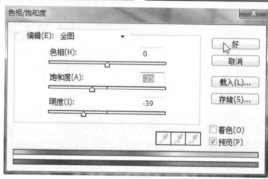

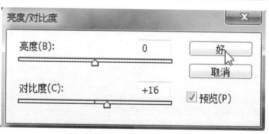

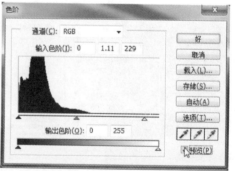

（9）选择窗帘部分，并用亮度对比度进行调整，再用变亮工具局部擦亮，如下图所示。

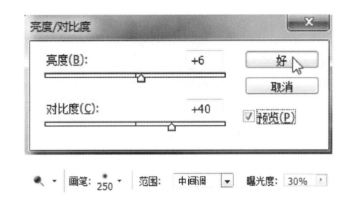

（10）选择护栏玻璃部分，并使用下图所示功能逐一进行调整。

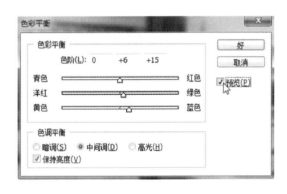

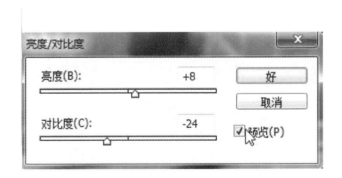

（11）选择所有的护栏装饰部分，并使用下图所示功能逐一进行调整。

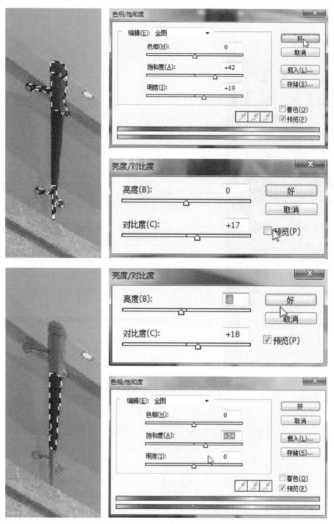

（12）选择二楼墙面部分，并使用下图所示功能逐一进行调整。

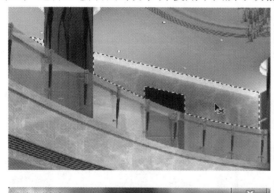

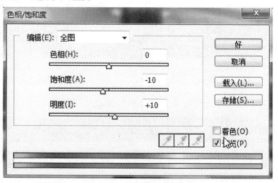

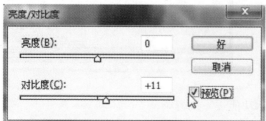

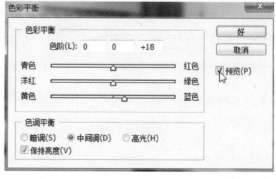

（13）选择底座云石材质部分，并使用下图所示功能逐一进行调整。

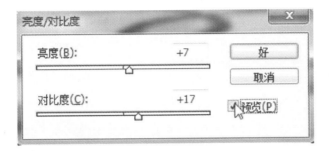

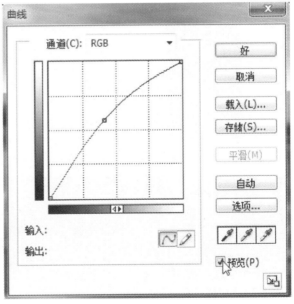

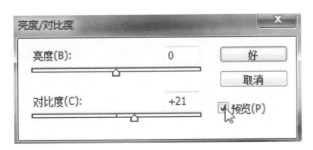

（14）分别选择墙面的两部分，并使用下图所示功能逐一进行调整。

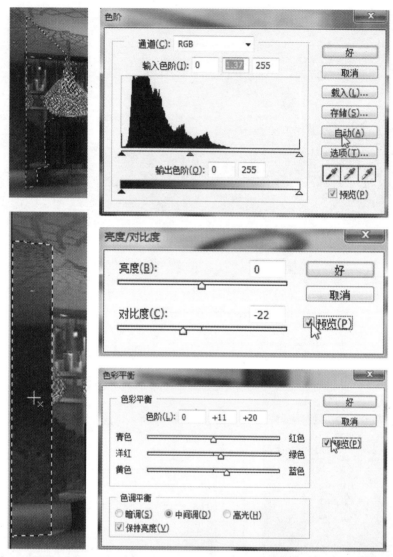

（15）选择黑色木材质的部分，并使用下图所示功能逐一进行调整。

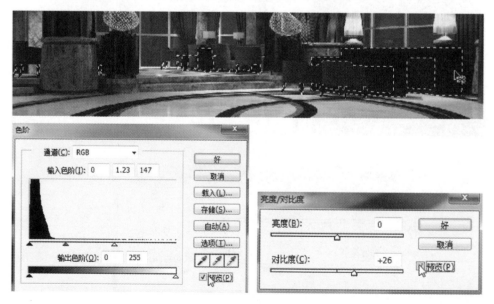

（16）选择一层天花部分，并使用下图所示功能逐一进行调整。

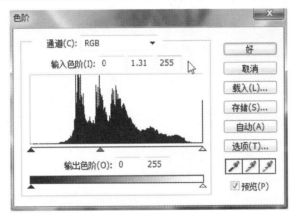

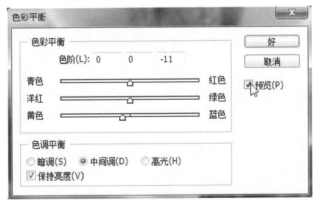

（17）把选好的素材摆放到场景中，如下图所示的效果摆放。

（18）最后完成效果如下图所示。